普通高等院校计算机基础教育“十三五”规划教材

Python 程序设计教程

杨长兴 主编

中国铁道出版社有限公司
CHINA RAILWAY PUBLISHING HOUSE CO., LTD.

内 容 简 介

本书以零基础为起点介绍Python程序设计方法。各章内容由浅入深、相互衔接、前后呼应、循序渐进。为了提高读者对程序设计思想方法的理解，本书将程序设计语言模型与人类自然语言模型进行了比较，使读者对程序设计语言模型及其内容的理解有了完整的参照对象。全书各章节选用大量程序设计语言经典实例来讲解基本概念和程序设计方法，同时配有大量习题供读者练习。

本书共12章，主要内容包括程序设计语言绪论、对象与类型、运算符与表达式、程序控制结构、函数、列表与元组、字典与集合、文件与目录、模块、错误与异常、面向对象编程、图形用户界面编程。

本书语言表达严谨，文字流畅，内容通俗易懂、重点突出、实例丰富，适合作为高等院校各专业程序设计语言课程的教材，还可作为全国计算机二级考试的参考用书。

图书在版编目（CIP）数据

Python程序设计教程 / 杨长兴主编. — 北京 ：中国铁道出版社，2016.8（2023.2 重印）
普通高等院校计算机基础教育“十三五”规划教材
ISBN 978-7-113-22208-6

Ⅰ. ①P… Ⅱ. ①杨… Ⅲ. ①软件工具-程序设计-高等学校-教材 Ⅳ. ①TP311.56

中国版本图书馆CIP数据核字(2016)第189620号

书　　名：Python程序设计教程
作　　者：杨长兴

策　　划：周海燕　曹莉群　　　　编辑部电话：（010）51873202
责任编辑：周海燕　包　宁
封面设计：乔　楚
责任校对：王　杰
责任印制：樊启鹏

出版发行：中国铁道出版社有限公司（100054，北京市西城区右安门西街8号）
网　　址：http://www.tdpress.com/51eds/
印　　刷：北京铭成印刷有限公司
版　　次：2016年8月第1版　2023年2月第5次印刷
开　　本：787mm×1092mm　1/16　印张：12.75　字数：280千
书　　号：ISBN 978-7-113-22208-6
定　　价：35.00元

前　言

目前，在教育部高等学校计算机基础课程教学指导委员会的指导下，计算机基础课程教学改革工作在不断推进深入。程序设计语言课程是大学生必须掌握的计算机基础课程，大学生们通过这门课程的学习，应该掌握程序设计的基本方法，具备用程序解决问题的能力。如何选择某种程序设计语言作为高等学校大学生程序设计课程的语言环境，是各校计算机基础教育工作者研究的课题之一。Python语言作为一门开源语言，已被许多学校引入教学过程。它是面向对象和过程的程序设计语言，具有无界整数数据类型及丰富的数据结构、可移植性强、语言简洁、程序可读性强等特点。根据实际教学经验，在程序设计课程教学改革研究时，我们选用 Python 语言作为程序设计课程的语言环境。对本书内容的选择，我们力求面向读者，以程序设计零基础为起点，全面介绍了包括面向过程和面向对象的 Python 程序设计方法。让读者首先接受面向对象的程序设计的思想方法，并理解面向对象的程序设计是需要以面向过程的程序设计方法作为基础的。

全书共分为 12 章，第 1 章介绍程序设计语言入门与 Python 语言开发环境；第 2 章介绍对象与类型；第 3 章介绍运算符与表达式；第 4 章介绍程序控制结构；第 5 章介绍函数；第 6 章介绍列表与元组；第 7 章介绍字典与集合；第 8 章介绍文件与目录；第 9 章介绍模块；第 10 章介绍错误与异常；第 11 章介绍面向对象编程；第 12 章介绍图形用户界面编程。

本书编者长期从事程序设计课程的教学工作，并利用各种语言开发工具开发了许多软件项目，具有丰富的教学经验和较强的科学研究能力。编者本着加强基础、注重实践、强调思想方法的教学、突出应用能力和创新能力培养的原则，力求使本书有较强的可读性、适用性和先进性。我们的教学理念是：教学是教思想、教方法，真正做到“授人以鱼，不如授人以渔”。为了加强读者对程序设计思想方法的理解，本书将程序设计语言模型与人类自然语言模型相比较，让读者对程序设计语言模型及其内容的理解有了完整的参照对象。为了提高读者的编程技巧，书中选用了大量的经典例题，这些例题与相应章节的内容是完全吻合的，例题还备有多种可能的解答，以期拓展读者的解题思路。为了便于读者自学，全书在内容组织、编排上注重由浅入深、循序渐进。因此，本书适合作为高等院校各专业程序设计课程的教材，也可作为广大计算机爱好者的自学参考用书。教师选用本书作为大学生程序设计课程的教材时，可根据实际教学课时数调整或取舍内容。

本书所给出的程序示例均在 Python 3.3 环境下进行了调试和运行。为了帮助读者更好地学习 Python，编者在每章后还编写了大量的习题供读者练习。

本书由杨长兴主编，并负责全书的总体策划、统稿和定稿工作。肖峰教授协助主编完成统稿、定稿工作。各章参加编写人员：中南大学杨长兴（第 1 章）；大连医科大学肖峰、河北医科大学李连捷（第 2、3 章）；中山大学刘燕（第 4 章）；北京大学郭永青（第 5 章）；首都医科大学夏翃（第 6 章）；中南大学田琪、李利明、李小兰（第 7、8 章）；复旦大学韩绛青、武警后勤学院孙纳新（第 9、10 章）；中南大学周春艳、刘卫国、朱从旭（第 11 章）；肖峰、中南大学周肆清、罗芳、奎晓燕（第 12 章）。

本书的编写得到了清华大学谭浩强教授、吴文虎教授的指导与帮助，在此一并表示衷心感谢。在本书的编写过程中，中南大学邵自然、吕格莉、裘嵘、杨莉军、曹丹等老师参与了大纲的讨论，本书吸收了他们许多宝贵的意见和建议，在此一并表示衷心感谢。编者在编写本书的过程中参考了大量的文献资料，在此也向这些文献资料的作者表示衷心感谢。

由于编者水平所限，书中疏漏及不妥之处在所难免，敬请读者不吝赐教。

编　者

2016 年 6 月

目　　录

第1章 程序设计语言绪论

计算机程序设计语言通常是指高级程序设计语言，包括本书将要介绍的 Python 语言，之所以说它是高级程序设计语言，是因为它是按照人类的理解方式设计，人类可以编写、阅读理解这种程序。理解计算机程序的主体不仅仅是人类，还有一类主体是计算机，只有计算机理解并执行程序的功能，才能解决程序所需要完成的功能。计算机必须通过某种转换将计算机程序转换为计算机可直接识别的代码才能执行程序的功能，完成工作任务。其实，计算机程序设计语言类似于人类的自然语言，二者之间有着相似甚至相同的语言模型。

通过本章的学习，掌握计算机程序设计语言模型、程序编译与解释的概念；掌握 Python 程序设计语言开发环境和应用程序开发过程；编写程序的基本步骤、算法与流程图。

计算机程序是用于解决实际问题的。学习 Python 程序设计语言的目的，就是要学会使用 Python 语言编写出适合自己实际需要的程序。程序包括数据和施加于数据上的操作两方面的内容。数据是程序处理的对象，操作步骤反映了程序的功能细节，全部操作步骤的集合则是程序表达的功能。不同类型的数据有不同的操作方式和取值范围，程序设计需要考虑数据的表示以及操作步骤（即算法）。Python 语言具有丰富的数据类型和相关运算，这是它有别于其他程序设计语言的最大特点之一，它有其他程序设计语言所不具备的众多的数据类型，特别是其整数类型，对于精确运算（上百位或更多位数值）是其独有的。本章首先介绍程序设计的基本概念、Python 程序结构、Python 程序的执行方式以及开发环境配置。

1.1 计算机程序设计语言概述

计算机程序设计语言是人类在计算机上解决实际问题的一种编码规则工具。当一个求解问题能够用数学模型表达时，人们会考虑用某种程序设计语言将该问题的数学模型表示成计算机可以接受的程序形式，再由计算机自动处理这个程序，生成人们所需要的结果。

程序设计语言随着计算机科学的发展而发展，它由最早的机器语言形式逐步发展成为现在的接近人类自然语言的形式。

20 世纪 50 年代的程序设计是使用机器语言或汇编语言编写的，用这样的程序设计语言设计的程序相当烦琐、复杂，不同机器使用的机器语言或汇编语言几乎完全不同。能够使用这类语言编写程序的人群极其有限，也就限制了这类计算机程序设计语言的普及和推广，必然影响计算机的普及和应用。

20 世纪 50 年代中期研制出来的 FORTRAN 语言是计算机程序设计语言历史上的第一个高级程序设计语言。它在数值计算领域首次将程序设计语言以接近人类自然语言的形式呈现在人们面前，它引入了许多目前仍在使用的程序设计概念，如变量、数组、分支、循环等。20 世纪 50 年代后期研制的 ALGOL 语言进一步发展了高级程序设计语言，提出了块结构的程序设计概念。即一个问题的求解程序可以由多个程序块组成，块与块之间相对独立，不同块内的变量可以同名，但互不影响。

到了 20 世纪 60 年代后期，人们设计出来的程序越来越庞大，随之而来的问题是程序越庞大，程序的可靠性越差，错误越多，并且难以维护。程序设计人员难以控制程序的运行，这就是当时的“软件危机”问题。为了解决“软件危机”问题，荷兰科学家 E.W.Dijkstra 在 1969 年首次提出了结构化程序设计的概念，这种思想强调从程序结构和风格上研究程序设计方法。后来，瑞士科学家 Niklans Wirth 的“算法+数据结构=程序”思想进一步发展了结构化程序设计方法，将一个大型的程序分解成多个相互独立的部分（称为模块）。模块化能够有效分解大型、复杂的问题，同时每个模块相互独立，提高了程序的维护效率。这就是面向过程的结构化程序设计思想。所谓面向过程的结构化程序设计思想是人们在求解问题时，不仅要提出求解的问题，还要精确地给出求解问题的过程（将问题的求解过程分解成多个、多级相互独立的小模块）。20 世纪 70 年代初面世的 C 语言就是典型的、面向过程的结构化程序设计语言。

面向过程的结构化程序设计是从求解问题的功能入手，按照工程的标准和严格的规范将求解问题分解为若干功能模块，求解问题是实现模块功能的函数和过程的集合。由于用户的需求和硬件、软件技术的不断发展变化，按照功能划分将求解问题分解出来的模块必然是易变和不稳定的。这样开发出来的模块可重用性不高。20 世纪 80 年代提出的面向对象的程序设计方法即是为了解决面向过程的结构化程序设计所不能解决的代码重用问题。面向对象的程序设计方法是从所处理的数据入手，以数据为中心而不是以求解问题的功能为中心来描述求解问题。它把编程问题视为一个数据集合，数据相对于功能而言，具有更好的稳定性。这就是“对象+对象+……=程序”的理论。面向对象程序设计与面向过程结构化程序设计相比，最大的区别就在于：前者关心的是所要处理的数据，而后者关心的是求解问题的功能。面向对象程序设计方法很好地解决了“软件危机”问题。

面向对象程序设计语言有两类：一类是完全面向对象的语言，另一类是兼顾面向过程和面向对象的混合式语言。

面向对象程序设计语言其实是以面向过程结构化程序设计语言为基础的。面向对象程序设计语言在构建应用程序框架、输入/输出界面等方面由系统做了大量的基础工作，应用程序设计人员只需要关注应用问题的解决；而面向过程结构化程序设计语言程序人员需要解决应用程序框架、输入/输出界面、应用问题的解决过程，并且面向过程结构化程序设计语言的程序代码与数据相互独立。

无论是面向对象程序设计语言还是面向过程结构化程序设计语言，从解决应用问题的角度来说，它们都与人类自然语言有着极其相似的语言模型，从设计语言、使用语言上，都有共同的语言模型。图 1-1 所示为程序设计语言模型图。

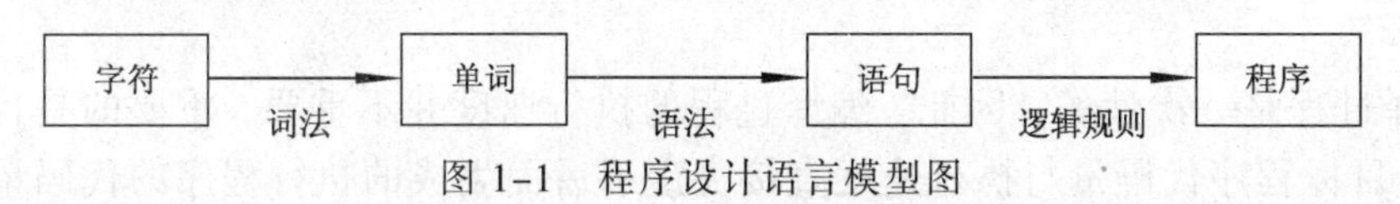

图 1-1 程序设计语言模型图

读者可以了解一下一般程序设计语言的模型。通过图 1-1 进行理解：学习某种程序设计语言，主要是学习（见图 1-1）根据词法规则用某种语言字符集中的字符构造单词；根据语法规则用单词构造语句；根据逻辑规则（任务内在的联系）用语句构成程序。读者可以根据图 1-1 自学其他程序设计语言。实际上，任何语言都遵从这种模式，包括自然语言（英语、汉语等）。对于自然语言，只是字符集中的字符多，构词规则复杂，语法规则更复杂，由若干语句组成的集合称为文章或文章段落而已。其实计算机程序设计语言就是从自然语言模型中简化出来的。理解了这个道理，对于学习程序设计语言是很有帮助的。

对于第一次学习某种计算机语言的读者来说，图 1-1 实际上是以学习人类自然语言为模型（参照对象），给出了学习某种计算机语言的模型。有了这个参照对象，读者自然知道从什么地方开始学习程序设计语言了，重点解决什么问题。

1.2 程序的编译与解释

程序开发人员编写的高级语言程序应该让他人读懂，更重要的是使计算机（硬件）理解和执行。执行的过程就是解决问题的过程。

高级语言程序按照执行方式分为静态语言和脚本语言。静态语言程序采用编译方法执行，脚本语言采用解释方法执行。

编译是将高级语言程序（称为源程序）通过编译程序（针对某种静态语言的系统程序）转换为目标代码（又称目标程序，还不是最终的计算机可执行的代码，代码的文件保存形式一般是.OBJ）的过程。执行编译的程序称为编译程序或编译器。为了让计算机直接执行（完成）程序的功能，还需通过连接程序将目标代码转换为执行代码（执行程序），执行代码的文件保存形式一般是.EXE。计算机直接执行的程序就是.EXE 文件。图 1-2 给出了程序的编译、连接、执行过程。

解释是将高级语言程序通过解释程序（针对某种脚本语言的系统程序）转换为可执行代码并同时逐条执行的过程。执行解释的程序称为解释器。图 1-3 给出了程序的解释过程。

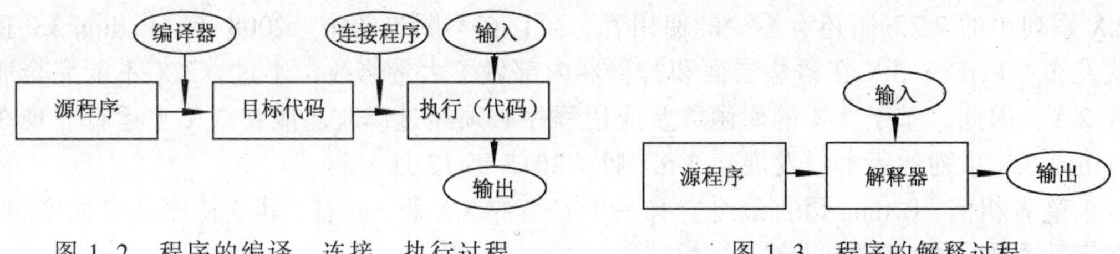

图 1-2 程序的编译、连接、执行过程

图 1-3 程序的解释过程

编译与解释的区别在于编译是一次性的工作，一旦程序被编译，不再需要编译程序和源程序代码了，而解释则在程序的每次执行过程中都需要解释程序和源程序代码。

编译过程是一次性的，因此，编译过程的执行速度并不重要，重要的是目标程序的质量，目标程序代码量与执行速度直接决定了后面生成的执行程序的代码量与执行速度，所以，目标程序的质量才是编译过程的关键。为此，现在的编译程序在不断地优化，目的是提高执行效率。而在解释程序中，因为优化技术会消耗运行时间，使得整个程序的执行速度会受到影响，不能过多地集成优化技术。解释执行方法尽管牺牲了一定的执行速度，但可以支持跨平台（硬件或操作系统）、对保留和维护源程序代码十分方便，适合非实时等运行场合。理论上说，编译后程序比解释后程序执行速度要快。

现在随着编译器和解释器工具的进步，解释器中也吸收了编译器的功能，在程序执行的过程中，解释器也会产生一个完整的目标代码，这种新型解释器会对现代脚本语言执行性能的提高起到重要作用。Python 语言就是一个典型的脚本语言，采用解释执行的方式，但它的解释器中包含了编译器的功能。

采用编译方法的好处：

（1）对于相同的源程序代码，编译所产生的目标程序代码执行速度快。

（2）编译所产生的目标程序代码可以脱离编译器独立运行。

采用解释方法的好处：

（1）程序调试执行时，程序纠错、维护方便、灵活。而编译后程序如果有错，需要修改程序后再次编译、连接。

（2）源程序虽然不能脱离解释器独立运行，但源程序代码可以在不同操作系统上运行，可移植性好，这是编译方法没有的特点。

1.3 Python 语言

1.3.1 Python 语言及其特点

Python 语言诞生于 1990 年左右，由荷兰人 Guido van Rossum 设计并领导开发。该语言命名为 Python 源于 Guido 的兴趣，当初只是为了自娱自乐尝试编写一种替代 ABC 这些编程语言的脚本语言，没想到受到大家的喜欢，一直发展至今，后来引入了对多平台的支持。2000 年，Python 2.0 的正式发布标志着 Python 语言正式进入了广泛应用的时代。直至今日，许多的标准库、应用程序都是基于 Python 2.X 系列解释器的，2.X 系列中的 2.7.6 版还有不少的使用者，而且在不断更新中。2008 年，Python 3.0 正式发布，Python 3.X 在语法层面和解释器内部做了大量修改，不过，3.X 不能完全兼容 2.X，因此，基于 2.X 的库函数及应用程序必须经过修改才能在 3.X 上运行。现在 Python 3.X 系列的版本已发展到 3.5.1 版（2015 年 12 月）。

笔者相信，Python 语言最终会有一个完美的 3.X 版，并且，其支持库会更加完美、丰富。本书中的实例均采用 3.3 版。

Python 语言是一个脚本语言。将其作为大学生的第一门程序设计语言课程，在国内还处于尝试阶段，这样做的合理性、可行性还值得研究。大家会从不断开发 Python 语言程序的过程中，体会到 Python 语言的特点，找到其答案。

Python 语言的特点：

（1）Python 语言简洁，只有少量的语法约束。也许正是这种特点，让许多人容易上手，很快会找到解决问题的方法。语言简洁、语法约束少，编写程序时接近人类自然语言的形式。不会像其他语言那样，有一个小小的语法错误，程序就不能运行，让程序编写人员长时间纠结在语法排错上。

（2）Python 语言通过强制缩进保证程序的可读性。这是通过语法规则来保证程序的可读性，其他程序设计语言没有这一条。实际上，程序具有良好的可读性是十分重要的，首先能保证程序能让别人或自己看懂、理解，其次是能够从某种程度上确保程序的正确编写。

（3）Python 语言具有丰富的数据结构（类型）。Python 语言在多数程序设计语言的基础上，增加了列表、字典、元组、集合等数据结构，同时，对数字类型数据在表达范围和表达方法上进行扩充、修改补充，从而使数字的计算不受所属类型的存储位数的限制，可以精确地计算出任意位数的数据。例如，可以用简单的表达：2**100，精确地计算其结果：1 267 650 600 228 229 401 496 703 205 376。

（4）Python 语言具有可移植性。尽管 Python 语言是脚本语言，但它可以同时被编译和解释执行。Python 语言的标准实现是由可移植的 ANSI C 编写的，可以在目前所有主流平台上编译和解释执行。除语言解释外，Python 语言发行时自带的标准库和模块在实现上都尽可能地考虑到了跨平台的移植性。此外，Python 语言的源程序自动编译成可移植的字节码，这些字节码在已安装兼容版本 Python 语言平台上运行的结果是相同的。

（5）Python 语言支持面向过程，同时支持面向对象，支持灵活的编程模式。

（6）Python 语言的使用与分发是完全免费的，与其他开源软件一样。任何人可以从 Internet 上免费获取 Python 语言的系统源代码，可以复制，可以将其嵌入某系统随产品一起发布，没有任何限制。

Python 语言的特点何止这些。读者需要在后续章节中不断学习，从实例中品味 Python 语言的强大功能和特点。

1.3.2 第一个 Python 语言程序示例

先让读者看一个用 Python 语言书写的求圆的面积的通用程序。

例 计算圆的面积。程序代码如下：

```
# -*- coding: GB2312 -*-
# ex1-1.py 计算圆的面积

def area(r):
   s = 3.14159*r*r
   return s

print (area(10))
```

这个程序的第一行是声明程序中使用了中文代码，没有这样的声明时，程序中是不能使用中文代码的。第一、二行其实是程序的注释行。第四至第六行是定义一个根据圆的半径计算其面积的函数。第八行用一个 print()函数输出一个半径为 10 的圆的面积。

这个程序可用任何编辑器编辑，以.py 的扩展名保存。在 Python 语言的解释器下运行，在解释器的交互窗口中会输出结果 314.159。

1.3.3 Python 语言程序的书写规范

现在以上一小节的第一个程序实例为例子说明 Python 程序的书写规范问题。

（1）Python 程序源代码最大的特点是：用缩进表示程序代码的层次。如例 1.1 中的第四至第六行，第四行是函数的头，其下面两行是函数体，从层次结构上讲，函数体比函数头要低一个层次，所以第五、六行缩进。缩进用 4 个空格表示（这是最流行的 Python 程序源代码缩进方式），也可以用制表符表示，但不要将二者混用。这种以强制缩进方式描述程序的层次结构对阅读程序是有好处的。

（2）一行代码的长度不超过 80 字符。如果实际代码超过 80 字符，通常使用圆括号、方括号和花括号折叠长行，也可以使用反斜杠延续行。例如：

```
if width == 0 and height == 0 and \
color == 'red' and emphasis == 'strong' or \
highlight > 100:
```

（3）注释问题。注释以“#”和一个空格开始，行内注释是和语句在同一行的注释，行内注释应该谨慎使用，行内注释应该至少用两个空格和语句分开，它们应该以“#”和单个空格开始。

（4）空格问题。在书写赋值语句或表达式时，建议在赋值运算符（=）、比较（==, <, >, !=, <>, <=, >=, in, not in, is, is not）、布尔运算（and, or, not）等运算符两边各置一个空格。例如：

```
x = x*2 - 1
c = (a+b) * (a-b)
```

（5）空行问题。用两行空行分隔顶层函数和类的定义，类内方法、函数的定义用单个空行分隔。

（6）关于标识符的约定。标识符用于命名变量、函数、类名、模块名等对象。标识符可以包含字母、数字和下画线（_），但必须以非数字字符开始。虽然对标识符的定义有完备的词法规则，但在编程时，还要遵守一些约定。像 if、else、for 等这样的单词是保留字，不能再用作标识符；以单、双下画线开始或结束的标识符通常有特殊意义，一般不用作标识符。

1.4 配置 Python 语言的开发环境

本节以 Windows 操作系统为基础，介绍如何安装配置 Python 语言的开发环境。也就是下载、安装、启动运行 Python 语言的解释器。

首先，从 Python 网站（http://www.python.org/download/）下载 Python 语言的基本开发和运行环境程序。对于 Windows 操作系统环境，选择名为“python-3.3.3.amd64

Windows Installer”的安装包。

其次，运行安装包，按提示执行安装 Python 语言解释器。安装完成后，在 Windows 操作系统的程序组内会有一个 Python33 的文件夹，在这个文件夹内有 Python 语言解释器的配置信息、软件文档、手册和几种方式的解释器执行程序。

最后一步是运行 Python 语言解释器。在 Windows 操作系统环境下，可有多种运行解释器的方法。

（1）启动 Windows 操作系统命令行工具（cmd.exe），进入 Python33 文件夹，输入命令 Python，在命令提示符“>>>”后面输入单条 Python 语句，就可以看到这条语句的输出结果。当然还可以从 Windows 操作系统“开始”按钮→“所有程序”→Python 3.3→Python（command line）启动 Python 运行环境。

在命令提示符“>>>”后面输入 exit()或 quit()可以退出 Python 运行环境。

图 1-4 给出了通过命令方式启动 Python 运行环境，并在其中输入两行命令及其命令执行结果的界面。

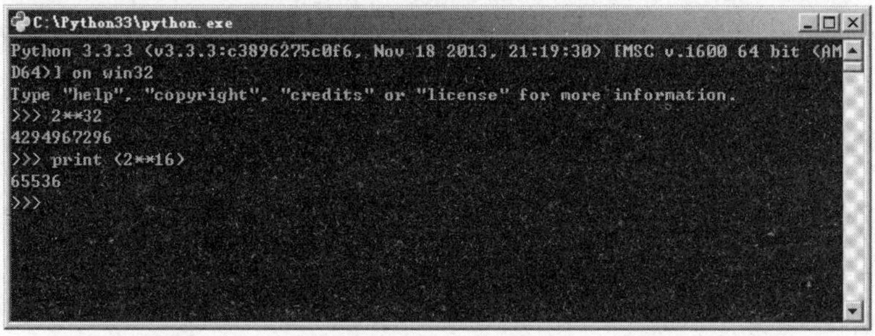

```
C:\Python33\python.exe
Python 3.3.3 (v3.3.3:c3896275c0f6, Nov 18 2013, 21:19:30) [MSC v.1600 64 bit (AM
D64)] on win32
Type "help", "copyright", "credits" or "license" for more information.
>>> 2**32
4294967296
>>> print (2**16)
65536
>>>
```

图 1-4　通过命令方式启动 Python 运行环境

在这种工作模式下，只能输入单条 Python 命令（语句），不能完整地执行一个程序功能。

（2）通过调用 Windows 操作系统中安装的 IDLE 来启动 Python 运行环境。IDLE 是由 Python 软件包自带的集成开发环境，随 Python 解释器一并安装在 Python33 文件夹内。从“开始”按钮→“所有程序”→Python 3.3→IDLE（Python GUI）启动 Python 运行环境。

如图 1-5 所示，在“Python 3.3.3 Shell”窗口中，选择 File→“打开”命令，打开上节的第一个 Python 源程序 ex1.py，会弹出一个编辑器窗口，编辑器窗口内有刚打开的 ex1.py 源程序代码。当然，可以在编辑器窗口中新建、修改、保存源文件代码。在编辑器窗口中选择 Run→Run Module 命令，或按【F5】键，可执行 ex1.py 程序，结果显示在“Python 3.3.3 Shell”窗口中。

（3）PythonWin 集成开发环境。PythonWin 是 Windows 操作系统下基于 IDE 和 GUI 框架的 Python 集成开发环境。PythonWin 具有适合于 Python 程序的强大编辑功能和程序调试能力的集成开发环境，而且实现了 MFC 类库存的包装。

要安装这个程序，需要从 Python 网站上下载程序，选择与 Python 解释器相匹配的版本，执行这个安装程序，会在已安装 Python 解释器的文件夹 Python33 下安装 PythonWin 集成开发环境。

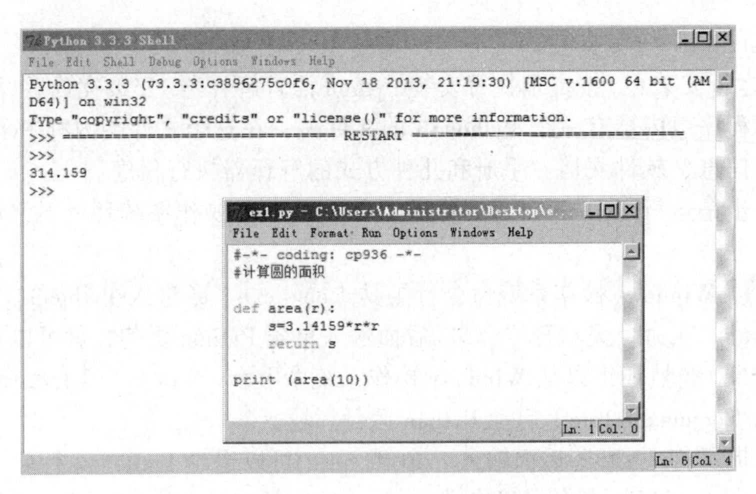

图 1-5 通过 IDLE 启动 Python 运行环境

可以从 Windows 操作系统“开始”按钮→“所有程序”→Python 3.3→PythonWin 启动 Python 运行环境。图 1-6 所示为在 PythonWin 集成开发环境下运行 ex1.py 程序的界面。

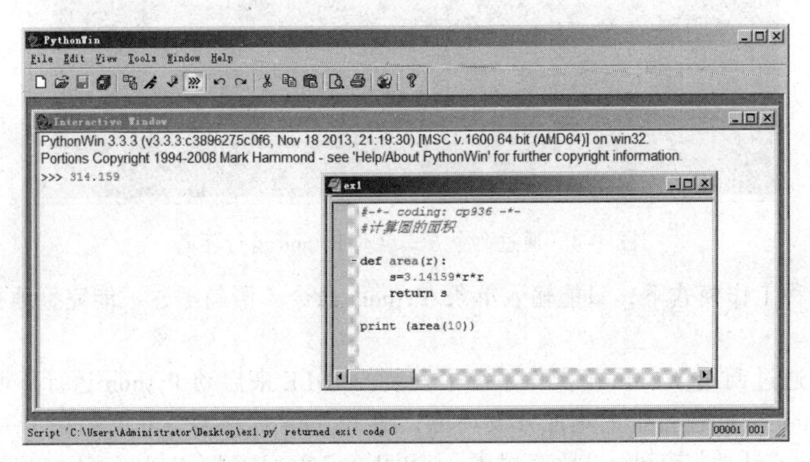

图 1-6 PythonWin 集成开发环境

PythonWin 集成开发环境直接使用 Windows 的记事本作为源程序编辑器，其交互窗口可直接输入命令，输出结果。

当然，Python 还有其他集成开发环境，如将 Python 集成到 Eclipse 等面向较大规模项目开发的集成开发环境。本书中的示例可以很好地在前面介绍的集成开发环境中实现和调试，所以本书以后采用 PythonWin 集成开发环境。读者可以根据自己的需要选择集成开发环境。

1.5 编写程序的基本步骤

编写程序有一个基本的思路，也就是解决问题的基本步骤。一般解决问题有如下 4 个基本步骤：

（1）分析问题，确定数学模型或方法。要用计算机解决实际问题，首先要对待解

决的问题进行详细分析，弄清楚问题的要求，包括需要输入什么数据、要得到什么结果、最后应输出什么。即弄清要计算机“做什么”。然后把实际问题简化，用数学语言来描述它，这称为建立数学模型。建立数学模型后，需要选择计算方法，即选择用计算机求解该数学模型的近似方法。不同的数学模型，往往要进行一定的近似处理。对于非数值计算则要考虑对数据处理的需求和方法等问题。

（2）设计算法，画出流程图。弄清楚要计算机“做什么”后，就要明确要计算机“怎么做”，即设计算法（Algorithm）。也就是把问题的数学模型或处理需求转化为计算机解题的步骤。解决一个问题，可能有多种算法。这时，应该通过分析、比较，挑选一种最优的算法。算法设计后，要用流程图把算法形象地表示出来。

（3）选择编程工具，按算法编写程序。当确定了解决问题的算法后，还必须将该算法用某种程序设计语言编写成程序，这个过程称为编码（Coding）。

（4）调试程序，分析输出结果。编写完成后的程序，不一定完全符合实际问题的要求，还必须在计算机上运行这个程序，排除程序中可能的错误，才能得到结果。这个过程称为调试（Debugging）。即使是经过调试的程序，在使用一段时间后，仍然会发现错误或不足之处。这就需要对程序做进一步的修改，使之更加完善。

在以上解决问题的步骤中，第（2）步是核心。在程序设计或软件开发中，关键是如何设计出一个解决问题的算法。因此在编写程序之前，首先要分析问题，形成自己的算法。对程序设计的初学者来说，可以先借鉴别人设计好的算法来解决问题，多思考，多实践，编程多了，自然会自己设计算法。

算法的优劣直接反映出解决问题思想和方法的好坏。一个好的算法可以很快（在很短的时间）解决问题，而一个稍微差一些的算法可能需要很长的时间才能解决问题，甚至不能或不能按期解决问题。所以算法是程序设计的核心。解决问题的算法不是仅从程序设计课程中学习到，它是一种方法或是一种思想，需要从各个知识领域中学习，从已经具备的知识中总结。

1.6 算法与流程图

编写程序时，需要对问题设计算法，有了解决问题的算法后，还要用流程图把算法形象地表示出来。本节简单介绍算法与流程图的概念。

1.6.1 算法

由于程序的动作序列包含了对数据的存取访问和运算，对数据合理描述、组织、存放和读取，关系到程序的正确和高效运行。

算法是求解特定问题的一组有限的操作序列，为解决问题而采用的方法和步骤，是解决问题方案的准确而完善的描述。它定义了良好的计算过程，它取一个或一组值作为输入，并产生一个或一组值作为输出。无论是形成解决问题的思路还是编写程序，都是在实施某种算法，不同的是，解决问题的思路是推理的实现，编写程序是操作的实现。在计算机科学中，算法要用程序设计语言实现。算法的质量直接影响程序运行的效率，算法是程序设计的基础。

算法的概念由来已久。计算机诞生之前，算法一直是属于数学的范畴，主要就是寻找解决特定问题所需要的一组操作序列。

一个著名的例子就是古希腊数学家欧几里得（Euclid）所发现的求两个正整数 m 和 n 的最大公约数问题。根据欧几里得提供的方法，问题可以通过反复执行以下 3 步操作来求解。

第 1 步：比较 m 和 n 这两个数，将 m 设置为较大的数，n 为较小的数。

第 2 步：m 除以 n，得到余数 r。

第 3 步：若 r 等于 0，则 n 就是最大公约数，否则将 n 赋值给 m，r 赋值给 n，返回到第 2 步。

这就是算法，在小学算术中称为辗转相除法。

1.6.2 流程图

对于问题“求两个正整数 m 和 n 的最大公约数”，在上小节有了算法，但这个算法是用自然语言描述的，自然语言描述的算法是不能被程序设计语言接受的。需要另外一种方法对设计出来的算法进行描述。算法描述是为了将算法的步骤变成能够用程序设计语言所实现的表示方式。

描述算法就是使用某种描述工具表示算法的过程，描述算法有多种不同的工具，例如前面介绍的欧几里得算法，就是用自然语言描述的，其优点是通俗易懂，但它不太直观，描述不够简洁，且容易产生二义性，自然语言表示是按照步骤的标号顺序执行的，因此当一个算法中循环和分支较多时很难清晰地表示出来，自然语言表示的算法不便翻译成计算机程序设计语言。在实际应用中，常用(传统的）流程图、结构化流程图、伪代码、PAD 中文图等工具来描述算法。

仅仅是为了说明问题，这里只讨论用流程图描述算法。

流程图（Flow chart）亦称框图。流程图是用一些几何框图、流程线和文字说明表示各种类型的操作。一般用矩形框表示进行某种处理，有一个入口，一个出口。用菱形框（或变形的菱形框）表示判断，有一个入口，两个出口。在框内写上简明的文字或符号表示具体的操作，用带箭头的流向线表示操作的先后顺序。

流程图是人们交流算法设计的一种工具，不是输入给计算机的。只要逻辑正确，人们都能看得懂就可以了，一般是由上而下按执行顺序画出来的。

例如，用流程图来描述欧几里得算法，如图 1-7 所示。

流程图的主要优点是直观性强，让人感到流程的描述清晰简洁，容易表达分支结构，它不依赖于任何具体的计算机和计算机程序设计语言，从而有利于不同环境和程序设计，初学者容易掌握。

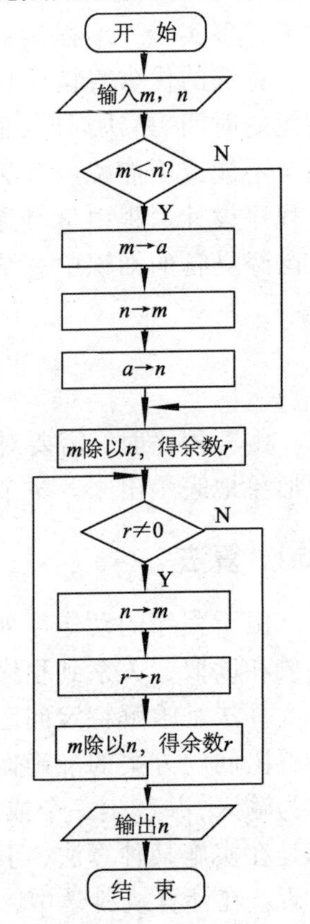

图 1-7 欧几里得算法流程图

小　　结

本章首先介绍了程序设计语言的基本概念，为初次学习计算机程序语言的读者构造了一个计算机语言模型图，实际上是引导了一个学习思路，学习一门计算机程序语言与学习人类的自然语言（如英语）是一样的。在学习 Python 语言的过程中，第一步先了解 Python 语言所使用的字符集（ASCII 集）；第二步通过字符集中的字符在词法规则的指导下构成单词（语言中可以使用的标识符、变量、函数名、运算符等）；第三步学习将单词在语法规则的指导下构成语句；第四步编写程序，就像写文章一样，这个过程需要对问题有充分的了解，有解决问题的思路，这实际上需要解决问题的逻辑规则。编写一个程序，就像用某种自然语言写一篇文章，这个程序使用哪些语句，语句之间的先后顺序，就是解决这个问题的逻辑规则。程序质量的好坏、是否高效取决于对问题的逻辑关系的把握，这一点不是一门语言教学就能解决的问题，这需要程序员以前的积累。

本章还介绍了高级程序设计语言的编译与解释两种方法；Python 语言的特点、程序书写规范、简单实例和集成开发环境。

同时，本章介绍了编写程序的基本步骤、算法与流程图。

习　　题

一、问答题

1. 计算机程序设计语言模型与人类自然语言模型有何区别？

2. Python 语言有哪些特点？

3. 为什么要在程序中加入注释？怎样在程序中加入注释？加入注释对程序的编译和运行有没有影响？

4. 程序语言的编译器与解释器有什么区别？

5. 编写一个高级语言源程序有哪些基本步骤？

6. 什么是算法？

7. 流程图与算法有什么区别？

二、判断题

1. Python 语言是高级程序设计语言。（　　）

2. 编写 Python 语言源程序可以使用记事本作为编辑器。（　　）

3. 编译器比解释器生成执行代码的效率高。（　　）

4. 自然语言比流程图描述问题更准确。（　　）

5. 程序语言称为高级程序语言是因为用它设计出来的程序容易被人类接受。（　　）

6. 流程图中的箭头方向代表问题求解的顺序。（　　）

7. 程序的可移植性是指程序可以在不同平台上运行。（　　）

第 2 章

对象与类型

首先要了解一个问题：书写一条合法的 Python 语句需要哪些单词？就像写一个英文句子一样，要知道构成这个句子的所有词汇。很显然，我们要知道：①Python 语言中有哪些保留字、变量名、函数名、类名、模块名等，这些可以认为是标识符。②可以使用哪些数据？数据有哪些类型？数据就是对象。③数据运算时，可以使用哪些运算符？可以使用哪些表达式？

本章先介绍对象与类型、变量与对象的关系。运算符与表达式、函数将在下一章介绍。

2.1 对象的基本概念

程序中存储的所有数据都是对象。每个对象都有身份、类型和一个值。

先看一看语句“a = 1”的执行过程：Python 解释器会用赋值语句右边的表达式的值 1 创建一个整数对象，对象的身份就是内存中存储值 1 的内存地址，也可以理解成指向这个地址的指针，而变量 a 则是引用这个地址的名称。可见，在 Python 语言中对语句“a = 1”的表述与其他语言不同，其他语言的说法是，创建了一个变量 a，将赋值运算符右边表达式的值赋给变量 a。关于变量与对象的关系将在本章的后面研究。

对象的类型用于描述对象的内部表示及它支持的方法与操作。创建一个特定的对象，就认为这个对象是该类型的实例。一旦一个对象实例被创建，它的身份与类型是不可改变的。如果对象的值是可改变的，则称对象为可变对象（Mutable），当然还有不可变对象（Immutable）。如果对象包含对其他对象的引用，则将其称为容器或集合。

许多对象都有相应的数据属性与方法。属性是与对象相关的值，而方法是可以施加在该对象上的执行某些操作的函数。例如：

```
>>> a = 1 + 2j      # 创建一个复数
>>> r = a.real      # 使用点（.）运算符，获取复数的实部（属性）
>>> a = [1, 2, 3]  # 创建列表
>>> a.append(4)     # 使用 append 方法增加新元素
```

对象的身份与类型可以通过下面的内置函数来确定：

id()函数：返回对象的身份，是一个表示对象在内存中位置信息的整数。例如（下

面的命令的运行与上面 4 行命令有关）：

```
>>> id(a)
51016392
```

当然，还可以用 is 运算符比较两个对象的身份。例如：

```
>>> a is r
False
```

type()函数：返回对象的类型。例如：

```
>>> type(a)
<class 'list'>
```

2.2 变量与对象的关系

2.2.1 变量引用对象

在 Python 语言中，变量与对象的关系体现在引用上，所谓变量引用对象就是建立变量到对象的连接。

变量是由赋值语句创建的，而且是在第一次给这个变量名赋值时创建变量。创建对象的同时也建立了变量对对象的连接（引用）。如图 2-1 所示。可见，只要一条赋值语句就可实现这三件事。例如：

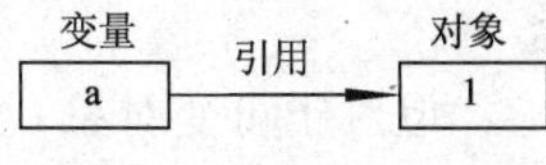

图 2-1 变量引用对象

```
>>> a = 1
```

就这么一条语句，创建了整数对象 1，创建了变量 a，建立了变量 a 对整数对象 1 的引用。

在 Python 语言中，变量的命名同样遵守标识符的命名规则。

变量有自己的存储空间，变量引用对象是该变量存储了对象的内存地址，而不是对象的值。但变量在进行运算和输出时，自动使用它所引用的对象的值。

当再次给一个变量赋值时，则是改变该变量的引用。例如：

```
>>> a = 1
>>> a = "ABCD"
>>> a = [1,2,3]
```

如果上面三条语句的第一条是首次对变量 a 赋值，则第一条语句是创建变量 a，创建整数对象 1，并建立变量 a 对整数对象 1 的引用。第二、三条语句则是改变变量 a 的引用。

上面三条语句说明："同一个变量可以引用不同类型的对象，对象是有类型的，而变量没有类型。"

上一段引号内的话引自 Python 的某经典著作，笔者也认为是对的。但笔者理解：一个变量一旦引用了一个对象，变量就是对象，变量就像嫁给了对象。严格地说，从微观上讲，变量跟随了它引用的对象的类型，它的类型可以不断地变化；从宏观上讲，变量的类型漂浮不定，可以视作变量没有类型。不然的话，如何解释下面的代码：

```
>>> a = 1
>>> type(a)                # 输出 a 的当前类型
<class 'int'>
```

```
>>> a = "ABCD"
>>> type(a)
<class 'str'>
```

这才是 Python 语言的动态类型机制，这与其他程序设计语言不同。

2.2.2　多个变量共享引用同一对象

下面谈一谈共享引用的问题。共享引用是指多个变量都引用同一对象。下面的语句开始 2 行使两个变量都引用整数对象 1，如图 2-2 所示。后面语句虽然改变了变量 a 的引用，但变量 b 仍然引用整数对象 1。

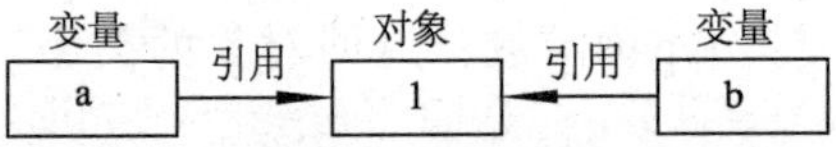

变量 a —引用→ 对象 1 ←引用— 变量 b

图 2-2　两个变量共享引用同一对象

```
>>> a = 1
>>> b = a
>>> a = "Hello"
>>> a
'Hello'
>>> b
1
```

但对于可变对象（如列表、字典这样的容器类对象），改变共享引用的一方变量，对另一方变量的引用是有影响的。下面的代码结果可以看出影响结果。

```
>>> a = [1, 2, 3]
>>> b = a
>>> b.append(100)
>>> b
[1, 2, 3, 100]
>>> a
[1, 2, 3, 100]
```

对于可变对象，还有类似引用的操作，如利用切片、函数或方法实现浅复制，深复制函数实现深复制，这些内容将在列表章节中介绍。

2.2.3　对象的删除

在 Python 语言中，用 del 语句删除对象，并释放对象所占用的资源。例如：

```
>>> a = [1, 2, 3]
>>> del a[2]
>>> a
[1, 2]
>>> a = 1
>>> a
1
>>> del a                        # 此后 a 不存在了
>>> a
Traceback (most recent call last):
   File "<interactive input>", line 1, in <module>
NameError: name 'a' is not defined
```

2.3 对象类型

在 Python 语言中，对象类型有表示数据的内置对象、表示程序结构的内置对象和解释器内部使用的内置对象。在本节，仅介绍表示数据的主要、常用内置对象。

表 2-1 显示了可用的 Python 语言的内置数据类型。可用 isinstance()函数检查表中所列出的类型名称和相应的表达式。

表 2-1 内置数据类型

类型分类	类型名称	描述
None	Type(None)	Null 对象 None
数字	int	整数
	float	浮点数
	complex	复数
	bool	布尔值（True/False）
序列	str	字符串
	bytes	字节串
	bytearray	字节数组
	list	列表
	tuple	元组
映射	dict	字典
集合	set	可变集合
	frozenset	不可变集合

2.4 数　字

数字是 Python 语言中最常用的对象。除 bool 类型外，所有数字对象都是有符号的，所有数字对象都是不可变对象。bool 类型包括 True、False 两个值，分别映射到整数 1 和 0，因此，可以把 bool 类型理解为整数类型。

2.4.1 整数类型

在 Python 语言中，整数有下列表示方法：

十进制整数：如 1、100、12345 等。

十六进制整数：以 0X 开头，X 可以是大写或小写。如 0X10、0x5F、0xABCD 等。

八进制整数：以 0O 开头，O 可以是大写或小写。如 0o12、0o55、0O77 等。

二进制整数：以 0B 开头，B 可以是大写或小写。如 0B111、0b101、0b1111 等。

在 Python 2.X 版中，还有一个长整数类型 long，但在 Python 3.X 版中，归并到了 int 类型，int 类型的数据对象不受数据位数的限制，只受可用内存大小的限制，就是说 int 类型数据没有大小的限制，可以精确地计算。这是 Python 语言区别于其他程序设计语言的最大特点之一。这是 Python 语言的动态类型机制决定的。

2.4.2 浮点数

浮点数可以表示为 1.0、1.、0.12、.123、12.345、1.8E12、1.8e-5 等。

浮点数用 64 位存储，表达数据的范围为-1.7E+308～1.7E+308，提供大约 15 位的数据精度。

2.4.3 复数

复数是由实部和虚部构成的数。如 3+4j、3.1+4.1j 等。

下面的命令表达了复数的运算。

```
>>> a = 3 + 4j
>>> b = 3.1 + 4.1j
>>> a + b
(6.1+8.1j)
>>> b.real
3.1
>>> a.imag
4.0
>>> isinstance(a,complex)
True
```

2.5 字 符 串

字符串是程序语言中常用的数据类型，它是序列类型（包括字符串、列表、元组、字节串等）之一，也是最常用的、最简单的序列。

2.5.1 字符串的基本使用方法

1. 字符串的定义

用单引号、双引号或三引号引起来的字符序列称为字符串。如'中国湖南长沙'、'Python 语言程序设计'、"Python"、"1234567"、"ABCD"、"Hello"、"'中国'"。字符串是不可变对象。

空串表示为："或""，注意，只有一对单引号或一对双引号。

2. 字符串的运算

字符串的运算主要有：成员检查（in 和 not in）、连接（用“+”实现）、重复（用“*”实现）。例如：

```
>>> "ab" in "Xyzabcde"
True
   >>> "abc" + "123"
   'abc123'
   >>> "abc" * 3
   'abcabcabc'
```

3. 转义字符

计算机中存在可见字符和不可见字符。可见字符是指可显示图形的字符，而不可见字符是指不能显示图形仅仅是表示某一控制功能的代码，如 ASCII 码中的换行、制表符、铃声等。

不可见字符只能用转义字符表示，当然，可见字符也可以用转义字符表示。转义字符以“\”开头，后跟字符或数字。表 2–2 给出了 Python 语言中可用的转义字符。

表 2–2　Python 语言中可用的转义字符

转 义 字 符	意　义
\'	单引号
\"	双引号
\\	字符“\”本身
\0	Null（空值）
\a	铃声
\b	退格符
\n	换行符
\t	横向制表符
\v	纵向制表符
\r	回车符
\f	换页符
\y	八进制数 y 表示的字符
\xy	十六进制数 y 表示的字符

4．三引号的用法

用连续的三个单引号或连续的三个双引号作为引号，将字符串引起来。这样的字符串可以是超长的，中间任何地方可以换行。例如：

```
>>> s = """abc
... 1234567890
... xyz"""
>>> s
'abc\n1234567890\nxyz'
```

5．字符串的格式化操作符

字符串的格式化操作符（%）用在 print()函数中，而 print()函数是输出数据的函数，类似一个输出语句（事实上，在 Python 2.X 版中是一个语句）。这将在第 4 章（与 input()函数一起）中介绍。

2.5.2　索引、切片操作

对于字符串，还有一些定义其上的操作，如索引、切片。

字符串中的每个字符在其序列中是有位置的。有两种表示位置的方法，从左端开始用非负的整数 0、1、2 等表示，从右端开始则用负整数–1、–2、–3 等表示。如图 2–3 所示。

0	1	2							-3	-2	-1
P	y	t	h	o	n	,	H	e	l	l	o

图 2–3　字符在字符串中的位置

字符在字符串中有了位置，就可以执行索引和切片两种操作。索引 s[index]是取出串中的一个字符，切片 s[[start]:[end]]是取出一片字符。例如：

```
>>> s = "Python 语言程序设计"
>>> len(s)                    # 汉字以字计算
12
>>> s[7]
'言'
>>> s[-2]
'设'
>>> s[8:]                     # 取出位置 8 开始以后的字符
'程序设计'
>>> s[8:11]                   # 取出位置 8 开始到位置 10 的字符，但不包括位置 11
'程序设'
>>> s[:]                      # 取出全部字符
'Python 语言程序设计'
```

2.5.3 单个字符的字符串问题

对于单个字符的字符串，可以通过 ord()函数求得字符的编码，而通过 chr()函数求得编码对应的字符。例如：

```
>>> s = 'A'
>>> ord(s)
65
>>> chr(65)
'A'
>>> s1 = '汉'
>>> s1
'汉'
>>> ord(s1)
27721
>>> hex(ord(s1))
'0x6c49'
>>> chr(0x6c49)
'汉'
```

这里不是要介绍关于字符串的函数的使用，而是介绍字符的编码问题。

在 Python 3.X 中，字符的编码统一到了 Unicode 编码上，Unicode 编码向下兼容 ASCII 编码。注意：尽管是 Unicode 编码，其字符串类型称 str，但在 Python 3.X 中，字符串类型已没有 Unicode 类型。因此，对于 ASCII 字符集中的字符，使用 ord()函数可以得到字符的 Unicode 编码，当然就是 ASCII 编码；而使用 chr()函数，可将编码转换为字符。对于汉字，使用 ord()函数得到的是该汉字的 Unicode 编码，而使用 chr()函数是将汉字的 Unicode 编码转换为汉字字符。

现实中，汉字除了 Unicode 编码外，还有多种编码方式，如 GB2312、GBK、CP936、UTF-8 等。而在 Python 语言中，只接受 Unicode 编码。显然要求有编码方式的转换手段，字符串的方法中有两个方法对 Unicode 编码以外的编码进行编码和解码，这就是 encode()和 decode()方法。下面是使用 encode()和 decode()方法的实例。

```
>>> s = '汉'
s1 = s.encode('gb2312')
>>> s1                                # s1 的编码是 gb2312
b'\xba\xba'
>>> s2 = s1.decode('gb2312')          # 对 gb2312 编码解码
>>> s
'汉'
>>> s2
'汉'
>>> isinstance(s,str)                 # 是 str 类型的字符串
True
>>> isinstance(s1,str)                # 不是 str 类型的字符串
False
>>> isinstance(s2,str)                # 是 str 类型的字符串
True
>>> s1 = s.encode('CP936')            # s1 的编码是 CP936
>>> s1
b'\xba\xba'
>>> s1 = s.encode('gbk')              # s1 的编码是 gbk
>>> s1
b'\xba\xba'
>>> s1 = s.encode('gb18030')          # s1 的编码是 gb18030
>>> s1
b'\xba\xba'
>>> s1 = s.encode('UTF-8')            # s1 的编码是 UTF-8
>>> s1
b'\xe6\xb1\x89'
>>> s2 = s1.decode('UTF-8')           # 对 UTF-8 编码解码
>>> s2
'汉'
```

2.5.4 字符串的函数与方法

字符串可使用的函数是指系统内置的标准类型函数、序列类型函数和字符串专用函数。

在 Python 2.X 中，有一个用于比较的内置标准类型函数 cmp()，但在 Python 3.X 中已取消。

序列类型函数有：len()、max()、min()、enumerate()、zip()等。

字符串专用函数有：input()、str()、chr()、ord()等。

字符串方法的应用体现在表达式中，而且方法类似函数（如果不涉及面向对象编程，认为方法就是函数）。

因为目前还没有使用表达式，所以将字符串的函数与方法放在下一章的表达式后面介绍。

2.6 字节串和字节数组

1. 字节串

字节串（bytes）类似于字符串（str）。但字节串是由单个字节组成的串，每个字节的内容是 0～255 的值。由于值可以是不可显示代码，因此，字节串是二进制数据序列，而字符串是文本数据序列。

字节串是不可变对象，数据的表示是以字母“b”或“B”开始，以单、双引号和三引号引起来的字节串。例如：

```
>>> x = b'\xff\x41\x31\xf0abcd'
>>> type(x)
<class 'bytes'>
```

还可以：

```
>>> x = bytes(10)
>>> x
b'\x00\x00\x00\x00\x00\x00\x00\x00\x00\x00'
>>> x = bytes(range(15))
>>> x
b'\x00\x01\x02\x03\x04\x05\x06\x07\x08\t\n\x0b\x0c\r\x0e'
>>> x = bytes(b'\xff\xf1\x01')
>>> x
b'\xff\xf1\x01'
```

字节串数据可以进行连接、重复运算。例如：

```
>>> x = bytes(b'\xff\xf1\x01')
>>> x1 = b'\x41'
>>> x + x1
b'\xff\xf1\x01A'
>>> x * 3
b'\xff\xf1\x01\xff\xf1\x01\xff\xf1\x01'
```

2. 字节数组

字节数组是可变对象。没有专用定义字节数组对象的方法，代之的是用构造器方法创建字节数组对象。例如：

```
>>> bytearray()
bytearray(b'')
>>> x = bytearray(10)
>>> x
bytearray(b'\x00\x00\x00\x00\x00\x00\x00\x00\x00\x00')
>>> x = bytearray(range(15))
>>> x
bytearray(b'\x00\x01\x02\x03\x04\x05\x06\x07\x08\t\n\x0b\x0c\r\x0e')
>>> x = bytearray(b'0xff\xf1 Hello!')
>>> x
bytearray(b'0xff\xf1 Hello!')
```

小　结

本章重点介绍了数字对象、字符串和字节串对象；分析了变量与对象的关系。读者要了解在 Python 语言中，是先有对象，再通过赋值语句定义变量（后有变量），最后建立变量与对象的连接，即变量对对象的引用。

变量没有类型的概念，正是因为这种设计，使得整数的运算是基于对象值的大小来确定使用多大的内存空间存储整数，所以整数的存储、运算只受可用内存空间的限制。因此也使 Python 语言在进行整数运算上独树一帜，对大数据、高精度运算提供了方便。

列表、元组、字典和集合数据类型是 Python 语言相对于其他程序设计语言增加的数据类型，这些类型的使用丰富了程序语言的数据结构。这也是 Python 语言区别于其他程序设计语言的特点之一。这些内容将在后续章节中详细介绍。

习　题

一、问答题

1. Python语言的内置对象类型有哪些？
2. 什么是Python语言的动态类型机制？
3. 变量有没有类型？
4. 什么是可变对象？什么是不可变对象？
5. 设置转义字符的意义何在？

二、判断题

1. 在Python语言中，一切皆对象。（　　）
2. 关于字符串的操作索引与切片是指：索引是取出串中一个字符；切片是取出一片字符。（　　）
3. 一个汉字在Python语言中的长度是1个字。（　　）
4. 字节串是二进制数据序列，而字符串是文本数据序列。（　　）
5. 浮点数有表达数据的范围，而整数没有表达数据的范围。（　　）
6. 数字的表达范围与数字的数据精度不是一回事。（　　）

第 3 章

运算符与表达式

对于不同的对象类型，有不同的运算和表达式。

运算所使用的运算符可以理解为语言模型中的一个单词，而表达式则可以理解为一个由多个单词组成的短语（它不是一个完整的语句），就像英语中的短语（词组）一样。

本章以数字类型对象为主介绍各种运算符、表达式、常用函数、对象所使用的主要方法和运算符优先级问题，同时介绍字符串类型和字节串对象。

3.1 数字对象的运算

所有的数字对象可以进行算术运算、关系运算、逻辑运算、移位和按位逻辑运算。

3.1.1 算术运算

所有的数字对象可以使用表 3–1 所示的算术运算符，用运算符、圆括号将对象、变量、函数等连接起来的式子称为数学表达式。在表 3–1 中，假定 a、b 为对象。

表 3–1 算术运算符用法举例

运　算	意 义 描 述	运　算	意 义 描 述
a + b	加法	a ** b	乘方（a^b）
a – b	减法	a % b	取余数（a mod b）
a * b	乘法	+ a	一元加法
a / b	除法	– a	一元减法
a // b	截取除法		

要说明的是：

（1）截取除法（//）的结果是整数，并且整数和浮点数均可应用。

（2）除法（/）：在 Python 2.X 中，如果操作数是整数，除法结果取整数，但在 Python 3.X 中，结果是浮点数。

（3）对浮点数来说，取余运算的结果是“a // b”的浮点数余数，即“a – (a//b)*b”。

（4）对于复数，取余和截取除法是无效的。

例如：

```
>>> 100//3
33
```

```
>>> 100/3
33.333333333333336
>>> 100%3
1
>>> 5.5//2
2.0
>>> 5.5/2
2.75
>>> 5.5%2
1.5
```

在算术表达式中，运算符的优先级（分4级）是：一元运算符，乘方，乘法、除法（包括截取除法和取余），加减法。

3.1.2 关系运算

关系运算使用表3-2所示的关系运算符，运算结果是True或False。关系运算in表示一个对象是否在一个集合中（这里说的集合是一个广义概念，包括列表、元组、字符串等），当然运算结果也是True或False。

表3-2 关系运算符用法举例

运　算	意义描述	运　算	意义描述
a < b	小于	a >= b	大于或等于
a <= b	小于或等于	a == b	等于
a > b	大于	a != b	不等于
x in <集合>	x 在集合中？		

（1）对于比较运算符，可以有更复杂的写法。例如，“a<b<c”相当于“a<b and b<c”、“a<b>c”相当于“a<b and b>c”、“a==b>c”相当于“a==b and b>c”。

（2）不允许对复数进行比较。

（3）只有当操作数是同一类型时，比较才有效。对于内置数字对象，当两个操作数类型不一致时，Python将进行类型的强制转换：当操作数之一为浮点数，则将另一个操作数也转换为浮点。

例如：

```
>>> 2+3j>1+2j
Traceback (most recent call last):
   File "<interactive input>", line 1, in <module>
TypeError: unorderable types: complex() > complex()
>>> 2.5>2
True
>>> 2+3j>1
Traceback (most recent call last):
   File "<interactive input>", line 1, in <module>
TypeError: unorderable types: complex() > int()
>>> 2.5>2.55
False
>>> 2.5>True
```

```
True
>>> 2.5>5
False
```

在关系表达式中，因为关系运算符连写有其他解释意义，如“a<b<c”相当于“a<b and b<c”，所以，关系运算符的优先级不分级，6 个运算符<、<=、>、>=、==和!=属于同一级。在这一点上，Python 语言与其他语言不同（其他语言一般定义<、<=、>和>=是同一级，==和!= 是同一级），下面的代码证实了这一点。

如果 a=1、b=2、c=0，则：

```
>>> a == b > c
False
```

因为“a == b > c”解释为 “a==b and b>c”，所以结果是 False。如果运算符“>”比“==”的优先级高，先计算“b > c”，它为 1，所以表达式“a == b > c”的结果应该为 1。这说明运算符“>”与“==”没有优先级的区别。如果一定要说它们有优先级，是指它们与运算符 in 或其他类运算符之间有优先级的区别。

又如：

```
>>> 1 != 0 > 0       # 解释为“1 != 0 and 0>0”
False
>>> 1 != 0 >= 0      # 解释为“1 != 0 and 0>=0”
True
```

6 个关于数字的关系运算符比运算符 in 的优先级高。

注意：当操作数是浮点数时，因为浮点数具有有效位（15 位）的问题，实施比较运算时，可能会出现谬论。下面的示例实际上是论证“一个数加上一个很小的数大于这个数本身”，结果由于加上的“一个很小的数”小于浮点数的表示精度，等于没有加上这个很小的数，所以出现错误的结论。

```
>>> 1.0 + 1.0e-16 > 1.0          # 这个结论是错误的
False
```

而：

```
>>> 1.0 + 1.0e-15 > 1.0          # 这个结论是正确的
True
```

这说明 Python 语言表示浮点数时，它的精度只有 15 位。要表示“一个很小的数”，这个很小的数也要在（大于）浮点数的精度范围内。

3.1.3 逻辑运算

逻辑运算符只有 3 个，它们的优先级（分 3 级）是 not、and、or。用逻辑运算符描述的表达式称为逻辑表达式或布尔表达式。

not a：如果 a 为 False，则返回 1；否则返回 0。

a and b：如果 a 为 False，则返回 a；否则返回 b。

a or b：如果 a 为 False，则返回 b；否则返回 a。

一般来说，逻辑运算符两边的操作数是关系表达式，但由于布尔值 True 和 False 分别映射到整数对象类型的 1 和 0，可以理解整数的非 0 值是 True，而整数的 0 理解为 False。所以，逻辑运算符两边的操作数还可以是整数、字符串等。更进一步扩展，可以把任意非 0 数字、非空字符串、列表、字典、非空集合理解为 True，把数字 0、空的列表、空的元组、空的字典、空的集合理解为 False。例如：

```
>>> a=1
>>> not a
False
>>> not not a
True
>>> 1.3>1.0 and 0
0
>>> 0 and 1.3>1.0
0
>>> "ABC" or 0
'ABC'
>>> '' or 125
125
```

注意：由于逻辑运算符的结合性是从左至右的，对于 and 运算符，只有 and 左边操作数为 True 时，才计算右边的操作数；否则，是不计算右边的操作数的。例如：

```
>>> s = [1,2,3]
>>> 10-10 and s.append(4)      # and运算符的左边为 0，右边不产生动作
0
>>> s
[1, 2, 3]                      # 所以，s 的值不变
>>> 10+10 and s.append(4)      # and运算符的左边为 1，右边产生动作
>>> s
[1, 2, 3, 4]                   # 所以，s 的值发生变化
```

同样，对于 or 运算符，只有 or 左边操作数为 False 时，才计算右边的操作数；否则，同样是不计算右边的操作数的。例如：

```
>>> s=[1,2,3]
>>> 10+10 or s.append(6)       # or运算符的左边为 1，右边不产生动作
20
>>> s
[1, 2, 3]                      # 所以，s 的值不变
>>> 10-10 or s.append(6)       # or运算符的左边为 0，右边产生动作
>>> s
[1, 2, 3, 6]                   # 所以，s 的值发生变化
```

3.1.4 移位和按位逻辑运算

移位和按位逻辑运算符仅能用于整数。它们的优先级（分 5 级）是：按位求反、左右移位、按位与、按位异或、按位或，如表 3-3 所示。

表 3-3 移位和按位逻辑运算符用法举例

运 算	意义描述	运 算	意义描述
a << b	左移	a | b	按位或
a >> b	右移	a ^ b	按位异或
a & b	按位与	～ a	按位求反

移位和按位逻辑运算假定整数以二进制补码形式表示，且符号位可以向左无限扩展。例如：

```
>>> ~ 13
-14
>>> hex(0xf<<3)
'0x78'
>>> hex(0x11e | 0x2001)
'0x211f'
```

3.1.5 条件表达式

Python 语言中条件表达式的形式如下：

```
<表达式 1> if <表达式 2> else <表达式 3>
```

其中，if 和 else 这两个关键字充当了条件表达式的运算符。表达式的计算是：先计算<表达式 2>的值，如果这个值为 True，计算<表达式 1>的值，否则计算<表达式 3>的值。如果条件表达式写在赋值语句里，如：

```
y = <表达式 1> if <表达式 2> else <表达式 3>
```

则赋值语句等价于下面的语句：

```
if <表达式 2>:
    y = <表达式 1>
else:
    y = <表达式 3>
```

条件表达式的结合性是从右至左的。下面的例子证明了这一点。

```
>>> 1 if 3>2 else 2 if 5>6 else 3
1
>>> (1 if 3>2 else 2) if 5>6 else 3
3
```

同时，可以测试出条件表达式运算符的优先级比逻辑运算符低。

```
>>> 5 or 8 if 5>6 else 0
0
>>> 5 or (8 if 5>6 else 0)
5
```

3.1.6 标准类型操作符

标准类型操作符又称标准类型运算符。标准类型操作符是针对所有 Python 对象的，也就是说，所有 Python 对象都可以运用标准类型操作符来操作。它们是：关系运算符（<、<=、>=、==、!=）、身份比较操作符（is、is not）和逻辑运算符（not、and、or）。

3.2 运算符的优先级与结合性

如果在一个表达式中有多个不同的运算符，哪个运算符先执行运算？哪个运算符后执行运算？这得有一个规则。在 Python 语言中，所有的运算按规定的优先级操作。

而结合性是指运算的计算是从左开始还是从右开始，Python 的运算符绝大多数是从左开始，只有两个特例，乘方（**）和条件表达式运算从右开始。

表 3-4 给出了 Python 语言中运算符的优先级。表中运算符的优先级从高到低，同一栏的运算符具有相同的优先级。如果要先执行表达式中某运算符的运算，可用圆括号将运算符与其两侧的操作数括起来。

表 3-4　Python 语言中运算符的优先级用法举例

优先级	运算符及操作数形式	意义描述
0	[...], (...), {...}	创建列表、元组和字典
1	s[i], s[i:j]	索引、切片
2	s.attr	属性
3	f(...)	函数调用
4	+a, -a, ～a	一元运算符
5	a**b	乘方（从右至左运算）
6	a*b, a/b, a//b, a%b	乘法、除法、截取除法、取余数
7	a+b, a-b	加法、减法
8	a<<b, a>>b	左移、右移
9	a&b	按位与
10	a^b	按位异或
11	a|b	按位或
12	a<b, a<=b, a>b, a>=b, a==b, a!=b	小于、小于或等于、大于、大于或等于、等于、不等于
13	a is b, a is not b	身份检查
14	a in s, a not in s	序列成员检查
15	not a	逻辑非
16	a and b	逻辑与
17	a or b	逻辑或
18	a if b else c	条件表达式运算符

3.3 常用函数

常用函数可能是来自 Python 系统定义的常用内置函数，也可能是来自某一个函数库。本节介绍常用内置函数和数学类函数库中的常用函数。

3.3.1 常用内置函数

Python 语言有许多内置函数，用户可以在任何时候使用它们。内置函数包含在 builtins 模块（对于 Python 2.X，模块名为__builtin__）中。通过使用 help(builtins) 函数可以查阅所使用的版本的所有内置函数。表 3-5 给出了 Python 语言的常用内置函数。

要注意的是：表中的函数不一定都是针对数字类型设计的函数，某些函数可能与数字类型以外的对象类型（如字符串、列表、元组等）有关。

表 3-5　Python 语言的常用内置函数用法举例

函　数	功　能
abs(x)	返回数字 x 的绝对值
bin(x)	返回数字 x 的二进制值
bool([x])	当 x 为 0、None，或不指定值，返回 False；其他情况返回 True
chr(x)	返回编码为 x 的字符
dir([obj])	显示对象的属性，不指出参数，显示全局变量的名称
enumerate(可迭代对象[,start])	返回一个(索引值,可迭代对象的值)对的表，迭代器
eval(s[,dict1[,dict2]])	计算字符串 s 中表达式的值并返回
float(x)	把数字或字符串 x 转换为浮点数并返回
help(obj)	返回对象 obj 的帮助信息
hex(x)	返回数字 x 的十六进制数
id(obj)	返回对象 obj 的标识
input([提示串])	接受键盘输入，返回输入对象
int(x[,d])	返回数字 x 的整数部分，或将 d 进制字符串转为整数，缺省 d，为十进制串
len(obj)	返回对象 obj 包含的元素个数
list(x)	将元组 x 转换为列表并返回
max(s)	返回序列 s 的最大值
min(s)	返回序列 s 的最小值
oct(x)	返回数字 x 的八进制串
ord(s)	返回一个字符 s 的编码
pow(x,y)	返回 x 的 y 次方
print()	输出对象
range()	返回一个等差数列，但不包括终点 end
reversed(可迭代对象)	返回可迭代对象的倒序，迭代器
round(x[,小数位数])	对 x 实施四舍五入，缺省小数位数，返回整数
set([obj])	把对象 obj 转为集合并返回
sorted(s[,cmp[,key[reverse]]])	返回排序后的列表
sum(s)	返回序列 s 的和
str(obj)	把对象 obj 转为字符串
tuple(s)	把列表 s 转为元组并返回
type(obj)	返回对象 obj 的类型
zip(iter1 [,iter2 [...]])	返回一个(值 1[,值 2][...])形式的表，迭代器

下面举例说明内置函数的用法。

1. input()函数

在 Python 语言中，使用 input()函数实现数据输入。input()函数的一般格式：

```
x = input('提示串')
```

x 得到的是一个字符串。这已经改变了 Python 2.X 的做法。

```
>>> x = input('x=')          # 直接输入 12.5，x 是一个数字的字符串
>>> x
'12.5'
>>> x = input('x=')          # 直接输入 abcd，x 是字符串'abcd'
>>> x
'abcd'
>>> x = float(input('x='))
>>> x
123.77
```

2. print()函数

print()函数在 Python 3.X 中是唯一的数据输出形式，已经不存在 print 语句的概念了。print()函数的一般格式：

```
print(对象 1,对象 2,...[,sep=' '][,end='\n'][,file=sys.stdout])
```

可以指定输出对象间的分隔符、结束标志符、输出文件。如果缺省这些，分隔符是空格，结束标志符是换行，输出目标是显示器。例如：

```
>>> print(1,2,3,sep="***",end='\n')
1***2***3
>>> print(1,2,3)
1 2 3
```

3. eval()函数

eval()函数可以实现字符串向数字的转换，还可以进行复杂的数字表达运算。函数的一般格式：

```
eval(字符串 [,字典 [,映射]])
```

其中，字符串必须是一个 Python 数字表达式，字典和映射是字符串中用到的表示字典、映射的变量或对象。例如：

```
>>> eval('12.34567+8.0')
20.34567
>>> x = 2
>>> y = 5
>>> eval('2*x*x+y+1')
14
>>> d = {'x':3, 'y':5}
>>> eval('x*x+y*y', d)
34
```

4. str()函数

str()函数实现将数字对象、列表对象、元组、集合等转换为字符串。例如：

```
>>> str(1+2)
'3'
>>> x = 3
>>> y = 4
>>> str(x*x+y*y)
'25'
>>> str([1,2,3,4,5])
'[1, 2, 3, 4, 5]'
>>> str((1,2,3,4))
```

```
'(1, 2, 3, 4)'
>>> str({'a':1,'b':2,'c':3})
"{'b': 2, 'c': 3, 'a': 1}"
```

读者也看见了，后面三个转换并没有转换成字符串的原始形式，要做到这一点，把问题集中到了列表上，因为列表是可变的。我们可以这样做：

```
>>> x="我们现在正在学习 Python 语言。"
>>> list1=list(x)
>>> list1
['我','们','现','在','正','在','学','习','P','y','t','h','o','n','语
','言','。']
>>> list2=['']
>>> for c in list1 :
...     list2[0] += c
...
>>> y = list2[0]
>>> y
'我们现在正在学习 Python 语言。'
```

5. range()函数

range()函数返回一个 range 对象，其实是一个列表。range()函数的一般格式有两种：range(end)和 range(start,end[,step])，前一种是默认初始值为 0，只要指出终点值。后一种格式可指出两个参数（起点、终点）或三个参数（起点、终点、步长）。两种格式不可合并。range()函数调用后的结果如下：

```
>>> range(10)
range(0, 10)                    # range 对象
```

要想看到表中元素，只能这样：

```
>>> x=range(10000)
>>> x[9999]
9999
```

6. enumerate()函数

enumerate()函数的一般格式：

```
enumerate(iterable[, start])
```

其中，iterable 是一个可迭代的对象，start 指出一个起点数值，缺省时是 0。

enumerate()函数返回的是一个迭代器。这个迭代器实际上是一个数据对表（但不是表，严格地说是一个 enumerate 对象），形式如下：

```
(0, iterable[0]), (1, iterable[1]), (2, iterable[2]), ...
```

例如：

```
>>> s = ['ABC', 'abc', 'Python', 'China']
>>> enumerate(s)
<enumerate object at 0x000000000316A120>
>>> for i, x in enumerate(s) :
...     print(i,x)
...
0 ABC
1 abc
```

```
2 Python
3 China
```

3.3.2 数学函数库的函数应用

Python 系统构造了许多函数库，其中用户用得最多的是数学类函数库 math。在 Python 解释器上不能直接使用函数库中的函数，因为这些都封装在某一函数库中，要使用库中的某一函数，先要导入相应的函数库，或者称导入模块。

导入方法：

方法一：import <库名>

方法二：from <库名> import <函数名>|*

对于方法一，使用函数时要写成：<库名>.<函数名>，对于方法二，直接写函数名即可。

在 math 库中，有许多常用数学函数，有的函数直接实现了其他程序设计语言需要用户自己编程实现的功能，例如 math 库中的 factorial()函数可实现阶乘。表 3-6 给出了 math 库的常用函数。

表 3-6 math 库的常用函数

函　数	功　能
ceil(x)	返回大于 x 的最小整数
degrees(x)	弧度转换为角度
exp(x)	e 的 x 次幂
factorial(x)	返回 x 的阶乘，x 须是正整数
floor(x)	返回小于 x 的最大整数
isinf(x)	x 为正负无穷大数时，返回 True，否则，返回 False
isnan(x)	x 不是数字时，返回 True，否则，返回 False
log(x[,base])	返回以 base 为底的对数，缺省 base 时，以 e 为底
log10(x)	返回以 10 为底的对数
log2(x)	返回以 2 为底的对数
radians(x)	角度转换为弧度
sqrt(x)	平方根
trunc(x)	返回 x 最近的、靠近数字 0 一方的整数
sin(x)	正弦函数
cos(x)	余弦函数
tan(x)	正切函数
asin(x)	反正弦函数，x∈[-1.0, 1.0]
acos(x)	反余弦函数，x∈[-1.0, 1.0]
atan(x)	反正切函数，x∈[-1.0, 1.0]

下面对表 3-6 中的部分数学函数进行介绍。

1. ceil()函数

返回大于 x 的最小整数。例如：

```
>>> ceil(1.7)
2
>>> ceil(-1.7)
-1
```

2. factorial()函数

当 x 是正整数时，返回 x 的阶乘；否则，提示错误信息。例如：

```
>>> factorial(10)
3628800
>>> factorial(2.8)
Traceback (most recent call last):
   File "<interactive input>", line 1, in <module>
ValueError: factorial() only accepts integral values
```

3. isinf()函数

inf、-inf 是表示正负无穷大的数。当 x 为正负无穷大数时，返回 True；否则，返回 False。对于 x 为整数时，不存在返回 True 的机会，而对浮点数来说，Python 系统使用 64 位存储，表示整数的范围为-1.7e308～1.7e308，当测试数据在这个范围之外，isinf()函数返回 True，否则返回 False。例如：

```
>>> isinf(100)
False
>>> isinf(1.23456789)
False
>>> isinf(1.7e308)
False
>>> isinf(1.7e309)
True
>>> isinf(-1.7e309)
True
```

4. isnan()函数

当 x 不是数字时，isnan(x)函数返回 True；否则，返回 False。

在 Python 系统中，“x 不是数字”是指 NaN（Not a Number）。NaN 是 IEEE 754 标准中定义的某种运算结果，如一个无穷大的数乘 0、两个无穷大的数，以及所有与 NaN 有关的操作结果。NaN 实际上是浮点数运算过程产生的不确定数，两个 NaN 是无法比较的。例如：

```
>>> x = 1.7e309
>>> y = 1.2e309
>>> x
inf
>>> isnan(x)                        # 尽管 x 是 inf，isnan(x)返回 False
False
>>> y
inf
>>> isnan(y)
False
>>> z1 = x/y
>>> isnan(z1)                       # 只有运算才会产生 isnan()为 True 的结果
```

```
True
>>> z2 = float('nan')
>>> isnan(z2)
True
>>> isnan(1.23456789)
False
>>> z1 == z2                            # 两个 NaN 是无法比较的
False
```

5．trunc(x)函数

返回 x 最近的、靠近数字 0 一方的整数。例如：

```
>>> trunc(1.7)
1
>>> trunc(-1.7)
-1
```

3.4 常用的字符串方法

方法类似函数（如果不涉及面向对象编程，认为方法就是函数）。其实，方法与函数都是用一段代码完成一定的功能，只是这段代码适用的被调用的范围、调用方法有区别。函数是公用的，方法是类（型）的，方法与对象有关。函数是被直接调用，而方法是用对象调用的，即先创建一个类或类型下的对象，再访问对象的属性（在这里是一个函数），访问对象的属性用“.”运算符。下面的例子中，upper()是方法，str()是函数。

```
>>> s = "ABCD"
>>> s.upper()+"123"+"XYZ"              # 对象调用
'ABCD123XYZ'
>>> s+str(100+23)+"XYZ"                # 函数调用
'ABCD123XYZ'
```

Python 语言的每一种内置对象类型可以认为是一个类，相应类内有可使用内置方法。这里仅介绍字符串类的方法。常用的字符串方法如表 3-7 所示（其中 s 是连接字符串对象的变量）。

表 3-7 常用的字符串方法

方法	功能
s.capitalize()	返回首字符大写，其他字符小写的字符串
s.count(sub[, start[, end]])	返回子串在原字符串中出现的次数
s.encode('编码方式')	对 s 按指定编码方式编码，产生多个字节的编码
s.find(sub[, start[, end]])	返回子串在原字符串中首次出现的位置；未找到，返回-1
s.index(sub[, start[, end]])	类似 find()，只是未找到时，提示错误
s.isalnum()	当 s 中至少有一个字符，全是字母和数字时，返回 True；否则，返回 False
s.isalpha()	当 s 中至少有一个字符，全是字母时，返回 True；否则，返回 False
s.isdecimal()	当 s 中是十进制数值时，返回 True；否则，返回 False
s.isdigit()	当 s 中至少有一个字符，全是数字，返回 True；否则，返回 False

续表

方　法	功　能
s.isidentifier()	当 s 是一个有效标识符时，返回 True；否则，返回 False
s.islower()	当 s 中至少有一个字符时，其中字母全是小写字母，返回 True；否则，返回 False
s.isnumeric()	当 s 中是十进制数值时，返回 True；否则，返回 False
s.isupper()	当 s 中至少有一个字符时，其中字母全是大写字母，返回 True；否则，返回 False
s.join(iterable)	将可迭代对象中的元素用 s 指定的分隔符连起来构成字符串再返回，可迭代对象是列表、元组、字典、集合
s.lower()	将 s 中的大写字母转换为小写字母，返回
s.replace(old, new[, count])	用新子串替换旧子串，指定 count，仅替换 count 次出现的旧子串
s.split(sep=None, maxsplit=-1)	以原串 s 中的分隔符为拆分依据，拆分字符串 s，返回一个列表
s.strip([chars])	删除字符串 s 两边的空格或指定的字符
s.upper()	将 s 中的小写字母转换为大写字母，返回

下面介绍一些字符串方法的用法。

1. find()方法

查找指定子串在原字符串首次出现的位置，如果找到，返回位置，位置计数以 0 开始；如果没有找到，返回-1。如果指定查找范围，仅在范围内查找。例如：

```
>>> s = "ABCDE12345"
>>> s.find("CD")
2
>>> s.find("d")
-1
>>> s.find("CD",2,3)        # 指定查找范围终点时，终点值要比起点值大 1
-1
>>> s.find("CD",2,4)
2
```

2. lower()方法和 islower()方法

lower()方法是将原字符串中的大写字母转换为小写字母，再返回字符串。原字符串中可以有非字母。islower()方法要求原字符串中至少有一个字符，串中字母全是小写字母时，返回 True；否则，返回 False。原字符串中可以有非字母。例如：

```
>>> s = "ABCDE_12345"
>>> s1 = s.lower()
>>> s1
'abcde_12345'
>>> s1.islower()
True
```

3. join()方法

将可迭代对象中的元素用 s 指定的分隔符连起来构成字符串再返回，可迭代对象是列表、元组、字典、集合。

```
>>> s1 = ["AB", "CD", "123", "xyz"]
>>> s = ','
```

```
>>> s.join(s1)
'AB,CD,123,xyz'
>>> s1 = [1,2,3,4]
>>> s.join(s1)
Traceback (most recent call last):
  File "<interactive input>", line 1, in <module>
TypeError: sequence item 0: expected str instance, int found
>>> s2 = ("AB", "CD", "123", "xyz")
>>> isinstance(s2,tuple)
True
>>> s.join(s2)
'AB,CD,123,xyz'
```

4. split()方法

以原字符串 s 中的分隔符为拆分依据，拆分字符串 s，返回一个列表。不指定分隔符时，说明原字符串 s 中的分隔符是空格。指定分隔符为 None 或空格，也认为原字符串 s 中的分隔符是空格。指定错误的分隔符，不能拆分原字符串。例如：

```
>>> s = 'AB,CD,123,xyz'
>>> s.split(sep=',')
['AB', 'CD', '123', 'xyz']
>>> s = 'AB CD 123   xyz'
>>> s.split()                                      # 去掉了多余的空格
['AB', 'CD', '123', 'xyz']
>>> s.split(sep=None)                              # 去掉了多余的空格
['AB', 'CD', '123', 'xyz']
>>> s.split(sep=' ')
['AB', 'CD', '123', '', '', 'xyz']
>>> s.split(sep='*')
['AB CD 123   xyz']                                # 没有拆分
```

可以指定要拆分的项数（maxsplit），maxsplit=-1 时，相当于不指定；maxsplit=n 时，要拆分的项数是 n+1。例如：

```
>>> s.split(sep=' ',maxsplit=0)
['AB CD 123   xyz']
>>> s.split(sep=' ',maxsplit=3)
['AB', 'CD', '123', '  xyz']
```

5. strip()方法

删除字符串 s 两边的空格或指定的字符。

```
>>> s = "  %%abcdABCD 123%%XYZ%%% "
>>> s.strip()
'%%abcdABCD 123%%XYZ%%%'
>>> s.strip('%')                                   # 没有删除
'  %%abcdABCD 123%%XYZ%%% '
>>> s1 = s.strip()
>>> s1
'%%abcdABCD 123%%XYZ%%%'
>>> s1.strip('%')
'abcdABCD 123%%XYZ'
```

3.5 有关字节串和字节数组的方法

字节串和字节数组可用的方法很多。它们调用方法与字符串方法相似，而且方法名与参数的使用几乎一样。

字节串方法有：capitalize()、count()、decode()、find()、fromhex()、index()、isdigit()、join()、replace()、split()、strip()等。如何使用请查阅 Python 网站，或使用 Python 的 Help 功能。本节只简单介绍几个基本的方法。

1. fromhex()

用十六进制数创建一个字节串对象。可以容忍十六进制数串中的空格。例如：

```
>>> bytes.fromhex('2Ef0 F1f2  ')
b'.\xf0\xf1\xf2'
>>> x = '2Ef0 F1f2  '
>>> type(x)
<class 'str'>
>>> x1 = bytes.fromhex(x)
>>> x1
b'.\xf0\xf1\xf2'
>>> type(x1)
<class 'bytes'>
```

2. hex()

这是 Python 3.5 版开始才有的一个方法，将字节串转换为十六进制数。

```
>>> b'\xf0\xf1\xf2'.hex()
'f0f1f2'
```

3. decode()

将字节串转换为字符串。如果不指出编码参数，就是 UTF-8 编码。对于串中无法在目标编码格式表达的字节码，可增加参数 errors= 'ignore' 过滤。

```
>>> x = b'1234XYz'
>>> x
b'1234XYz'
>>> x.decode()
'1234XYz'
>>> x.decode(encoding='gb2312')
'1234XYz'
>>> x.decode(encoding='UTF-8')
'1234XYz'

>>> x = b'A1.\xf0\xf1\xf2'
>>> x.decode(errors='ignore')       # 过滤
'A1.'
```

小　结

本章重点介绍了数字类型对象、字符串类型对象和字节串对象，同时介绍了运算符、表达式、运算符的优先级和结合性、字符串、字节串的方法。

运算符的优先级和结合性是本重点和难点。

字节串是 Python 3.X 增加的内容，正是字节串的引入，为编程者提供了使用内存字节数据的方便。也因为 Python 系统的众多数据结构的使用，对开发应用程序提供了方便。还因为 Python 系统提供了众多的各种类型数据的转换函数和方法，用户可以方便地实现各种类型数据的存储和转换。

更多的、更复杂的数据结构（数据类型）将在后续章中介绍。

习　题

一、问答题

1. 逻辑运算符 and 与 or 的两侧可以是数字类型表达式吗？为什么？

2. 表达式“1.0+1.0e−16>1.0”的结果是什么？为什么会有这样的结果？

3. factorial()函数能计算一个整数的阶乘，读者还有必要学习编写求阶乘的程序吗？

4. 怎样理解“在移位运算中，整数的符号位可以向左无限扩展”？

二、判断题

1. 关系运算符<、<=和>、>=的优先级不同。（　）
2. 运算符“/”和“//”产生不同的运算结果。（　）
3. 表达式“1/3”的结果是 0。（　）
4. 表达式“1//3”的结果是 0。（　）
5. 表达式“1.0+1.0e−16>1.0”的结果为 True。（　）
6. 表达式“x<=y>=z”是合法的。（　）
7. 逻辑运算符的结合性是从左至右的。（　）
8. 表达式“1.3>1.0 and 0”的结果是 0。（　）
9. 逻辑运算符 and 与 or 的优先级不同。（　）
10. 表达式“1.0+1.0e−16>1.0”的结果是 1。（　）
11. 对于逻辑运算符 and 来说，左侧对象为 0 时，右侧对象不参与运算。（　）
12. 表达式“10−10 and s.append(4)”中的子表达式“s.append(4)”没有动作。（　）
13. 表达式“10−9 or s.append(4)”中的子表达式“s.append(4)”没有动作。（　）
14. 移位和按位逻辑运算符仅能用于整数。（　）
15. 条件表达式的结合性是从右至左。（　）
16. 乘方（**）运算的结合性是从右至左的。（　）
17. input()函数得到的结果可能是整数、浮点数或字符串。（　）

18. isinf()函数用于测试一个浮点数是否超出表达范围。 (　　)

19. isnan(float('nan'))函数的返回结果是 True。 (　　)

20. decode()方法（函数）用于将字节串转换为字符串。 (　　)

三、选择题

1. 如果 a=1，则表达式～a 的值是（　　）。

   A. -1　　B. -2　　C. 0　　D. 1

2. 如果 a=1，则表达式 not a 的值是（　　）。

   A. -1　　B. -2　　C. False　　D. True

3. 如果 a='\101'，则 a 表示（　　）。

   A. '\101'　　B. 'A'　　C. 'B'　　D. 'C'

4. 如果 a='\x41'，则 a 表示（　　）。

   A. 'A'　　B. 'a'　　C. 'B'　　D. 'C'

5. 如果 a=1、b=2、c=0，则(a==b>c) == (a==b and b>c)的结果是（　　）。

   A. True　　B. False　　C. 0　　D. inf

6. 表达式“1 != 0 > 0”的结果是（　　）。

   A. True　　B. False　　C. 1　　D. -inf

7. 表达式“1 != 0 >= 0”的结果是（　　）。

   A. True　　B. False　　C. 0　　D. -inf

8. 如果 a=1、b=2，表达式“a|～b<<4”的结果是（　　）。

   A. 1　　B. -1　　C. -47　　D. -48

9. 如果 a=1、b=2，表达式“(a|～b)<<4”的结果是（　　）。

   A. 1　　B. -1　　C. -47　　D. -48

10. 如果有 s='Python'，要取出字符'n'，不正确的方法是（　　）。

   A. s[-1]　　B. s[5]　　C. s[5:6]　　D. s[5:5]

第4章 程序控制结构 «‹

本章要解决的问题是：①Python 系统使用哪些语句编写程序？②如何使用前面章节掌握的单词（标识符、变量、运算符、表达式、函数、对象、关键字等）按照一定的语法规则构成一个合法的语句？③如何用已经掌握的语句，按照实际工程项目（要解决的问题）的要求，根据其内在的逻辑关系编写程序（作文）？这三个问题中，最重要的是第③个问题，就是解决问题的思路、步骤。

程序语言一般有三类基本程序结构语句，它们是顺序结构语句、分支结构语句和循环结构语句。再加上一些方便程序编写的其他语句，一个实际工程项目的编程问题就有了语句基础了。只要解题思路清楚、解题步骤正确，就能编写出解题程序。

通过本章的学习，掌握三种基本程序结构，掌握各种流程控制语句的执行流程及基本用法，熟悉各种流程控制语句的嵌套使用，学会使用流程控制语句设计基本的应用程序。

4.1 顺序结构

顺序结构是所有程序设计语言中执行流程的默认结构。在一个没有分支结构和循环结构的程序中，程序是按照语句书写的先后顺序依次执行的。图 4-1 是一个顺序结构的流程图，它有一个入口、一个出口，依次执行语句 1 和语句 2。实现程序顺序结构的语句主要是赋值语句和内置的输入函数（input()）和输出函数（print()）。

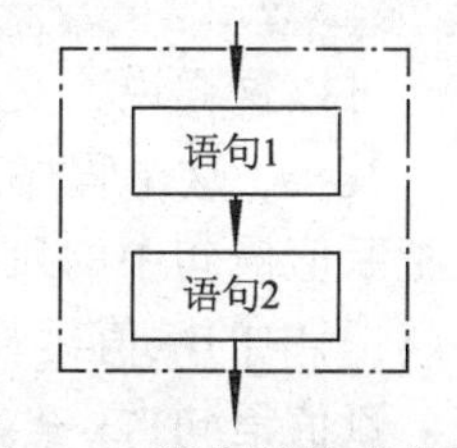

图 4-1 顺序结构流程图

4.1.1 赋值语句

1. 赋值语句的格式定义

基本赋值语句的格式：

```
<变量 1>, <变量 2>,..., <变量 n> = <表达式 1>, <表达式 2>,..., <表达式 n>
```

赋值语句的功能是分别将<表达式 1>, <表达式 2>, … , <表达式 n>的值赋给<变量 1>, <变量 2>, …, <变量 n>。

赋值语句还有增量赋值的形式：

```
<变量> += <表达式>
```

这种增量赋值语句等价于：

```
<变量> = <变量> + <表达式>
```

增量赋值语句不可以对多个变量增量赋值。可以用于增量赋值语句的运算符有：+=、-=、*=、/=、//=、**=、%=、&=、|=、^=、>>=、<<=。

赋值语句还可以写成下面的形式：

```
x = y = z = 1
```

这种形式是向三个变量 x、y、z 都赋值 1。

要注意的是，Python 系统定义对象是有类型的，变量没有类型。虽然通过赋值语句让某个变量得到表达式的值，但只是引用了这个对象的值（表达式的值）。所以，对于同一个变量，第一次通过赋值语句得到一个整数值，之后又可以通过赋值语句得到一个浮点类型的值。这就是变量没有类型，只是引用值的原因。

2. 赋值语句的应用

应用赋值语句的一个最经典的例子是交换两个变量的值。因为交换两个变量的值在后续内容中经常用到，大量的实际问题中也需要交换两个变量的值。在其他程序设计语言中，这一段代码的经典写法是（使用第三方变量 t 暂存数据）：

```
t = x
x = y
y = t
```

更有显示赋值语句应用魅力的写法（没有使用第三方变量）：

```
x = x+y
y = x-y
x = x-y
```

Python 系统赋值语句的设计让我们完成交换两个变量的值的工作变得极其简单，只要一条语句就解决问题了。

```
>>> x, y = y, x
```

可以这样说，交换两个变量的值的程序在 Python 系统中不再是经典示例。

其实，这个程序经典的写法更能让读者领悟、体会赋值语句的实现过程，至少不会把赋值语句中的赋值运算符（=）理解为数学上的等于号（=）。如果把赋值语句“x = x+1”中的赋值运算符理解为数学上的等于号，那么等式“x = x+1”就是天方夜谭了。赋值语句“x = x+1”的含义是：将 x 原来的引用值加 1 再送给 x，即让 x 的引用值增 1。

4.1.2 基本输入/输出

数据的输入/输出是应用程序不可缺少的功能。没有输出，程序也就没有意义。在 Python 语言中数据的输入/输出是通过调用函数实现的，主要有 input()、print()。

1. input()函数

在 Python 语言中，使用 input()函数实现数据输入。input()函数的一般格式：

```
x = input('提示串')
```

x 得到的是一个字符串。这已经改变了 Python 2.X 的做法。

```
>>> x = input('x=')          # 直接输入 12.5，x 是一个数字的字符串
>>> x
```

```
'12.5'
>>> x = input('x=')          # 直接输入abcd，x是字符串'abcd'
>>> x
'abcd'
>>> x = float(input('x='))
>>> x
123.77
```

2. print()函数

print()函数在 Python 3.X 中是唯一的数据输出形式，已经不存在 print 语句的概念了。print()函数的一般格式：

```
print(对象1,对象2,...[,sep=' '][,end='\n'][,file=sys.stdout])
```

可以指定输出对象间的分隔符、结束标志符、输出文件。如果缺省这些，分隔符是空格，结束标志符是换行，输出目标是显示器。例如：

```
>>> print(1,2,3,sep="***",end='\n')
1***2***3
>>> print(1,2,3)
1 2 3
```

print()函数还可以采用格式化输出形式：

```
print('格式串'%(对象1,对象2,...))
```

其中，格式串用于指定后面输出对象的格式，格式串中可以包含随格式输出的字符，当然主要是对每个输出对象定义的输出格式。对于不同类型的对象采用不同的格式：

输出字符串：　%s
输出整数：　%d
输出浮点数：　%f
指定占位宽度：　%10s, %10d, %10f(都是指定10位宽度)
指定小数位数：　%10.3f
指定左对齐：　%-10s, %-10d, %-10f, %-10.3f

例如：

```
>>> print('%10d%10d%10.2f'%(12345678,87655,12.34567890123))
  12345678     87655     12.35
>>> print('%-10d%-10d%-10.2f'%(12345678,87655,12.34567890123))
12345678  87655     12.35
```

4.2 分支结构

在顺序结构中，程序只能机械地从头运行到尾，要想使计算机变得更“智能”，就需要应用分支结构。所谓分支结构，就是按照给定条件有选择地执行程序中的语句。在 Python 语言中，实现程序分支结构的语句有：if 语句（单分支）、if...else 语句（双分支）和 if...elif 语句（多分支）。

4.2.1 if 语句（单分支）

if 语句的语法格式：

```
if <表达式>:
    <语句序列>
```

其中：

（1）表达式是任意的数值、字符、关系或逻辑表达式，或用其他数据类型表示的表达式。它表示条件，以 True（1）表示真，False（0）表示假。

（2）<语句序列>称为 if 语句的内嵌语句序列或子句序列，内嵌语句序列严格地以缩进方式表达，编辑器也会提示程序员开始书写内嵌语句的位置，如果不再缩进，表示内嵌语句在上一行就写完了。

执行顺序：首先计算表达式的值，若表达式的值为 True，则执行内嵌语句序列，否则不做任何操作。if 语句的流程图如图 4-2 所示。

例 4.1 输入两个整数 a 和 b，按从小到大的顺序输出这两个数（从这个例子开始，写出完整的 Python 程序代码）。

分析：若 a>b，则将 a、b 交换，否则不交换。两个数据相互交换是程序设计的一项基本方法，可采用借助于第三个变量间接交换的方法，如图 4-3 所示。先将 a 中的原始值放入 t 中保存起来，然后将 b 的值赋给 a，最后将 t 中保存的 a 的原始值赋给 b，这样就实现了 a 和 b 中数据的交换。

实际上，在编写代码之前，应该画出求解问题的流程图。

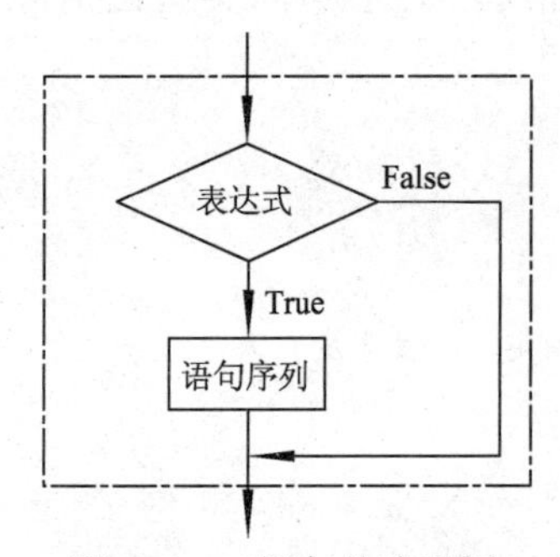

图 4-2 if 语句的流程图

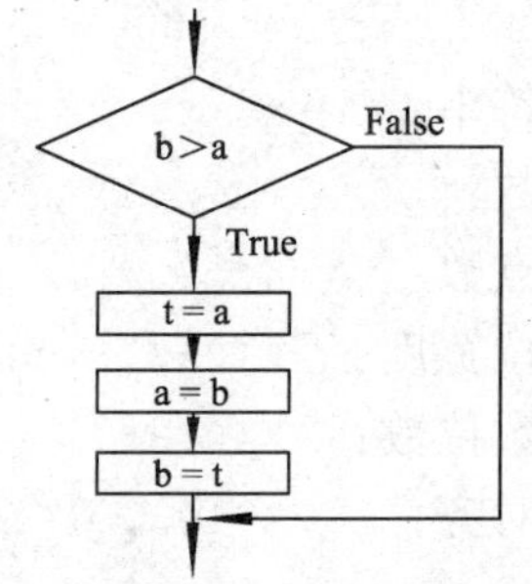

图 4-3 交换两个变量值的流程图

程序代码如下：

```
# ex4-1
a = eval(input("a="))
b = eval(input("b="))
if b>a:
    t = a
    a = b
    b = t
print(a,b)
```

4.2.2 if...else 语句（双分支）

if...else 语句的语法格式：

```
if <表达式>:
    <语句序列 1>
else:
    <语句序列 2>
```

执行顺序：首先计算表达式的值，若<表达式>的值为 True，则执行<语句序列 1>，否则执行<语句序列 2>。if...else 语句的流程图如图 4-4 所示。

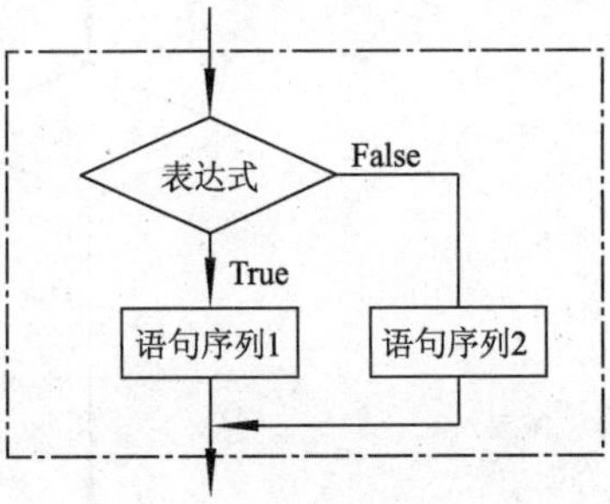

图 4-4　if...else 语句的流程图

例 4.2　输入一个年份 year，判断是否为闰年。

分析：闰年的条件为：①能被 4 整除但不能被 100 整除；②能被 400 整除。

用逻辑表达式表示为：

```
(year%4==0 and year%100 !=0) or (year%400==0)
```

程序代码如下：

```
# -*- coding: gb2312 -*-
# ex4-2

year = eval(input("输入年份: "))          # 可用 int()函数
if (year%4==0 and year%100 !=0) or (year%400==0):
    print(year,": 闰年")
else:
    print(year,": 非闰年")
```

三次运行程序，输入年份分别为 2000、1900、2016，程序运行结果如下：

```
2000 : 闰年
1900 : 非闰年
2016 : 闰年
```

4.2.3　if...elif 语句（多分支）

双分支结构只能根据条件的 True 和 False 决定处理两个分支中的一支。当实际处理的问题有多种条件时，就要用到多分支结构。

if...elif 语句的语法格式：

```
if <表达式 1>:
    <语句序列 1>
elif <表达式 2>:
    <语句序列 2>
...
elif <表达式 n>:
    <语句序列 n>
else:
    <语句序列 n+1>
```

执行顺序：首先计算<表达式 1>的值，若其值为 True，则执行<语句序列 1>；否则，继续计算<表达式 2>的值，若其值为 True，则执行<语句序列 2>；依此类推，若所有表达式的值都为 False，则执行<语句序列 n+1>，如图 4-5 所示。

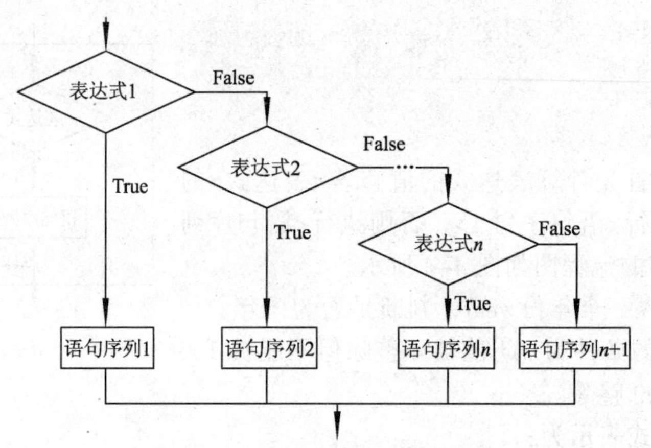

图 4-5　if...elif 语句的流程图

注意：

（1）不管有几个分支，程序执行了一个分支以后，其余分支不再执行。

（2）当多分支中有多个表达式同时满足条件，则只执行第一条与之匹配的语句。

例 4.3　根据 x 的值，计算分段函数 y 的值。y 的计算公式如下：

$$y=\begin{cases}|x| & (x<0)\\ e^x\cos x & (0\leqslant x<15)\\ x^5 & (15\leqslant x<30)\\ (7+9x)\ln x & (x\geqslant 30)\end{cases}$$

程序代码如下：

```
# -*- coding: gb2312 -*-
# ex4-3
from math import *          # 导入数学模块 math
x = eval(input("请输入 x: "))
if x<0 :
    y = abs(x)
elif x<15 :
    y = exp(x)*cos(x)       # exp(x)在 math 中
elif x<30 :
    y = pow(x,5)
else :
    y = (7+9*x)*log(x)      # log(x)在 math 中

print("y= ", y)
```

程序四次运行的结果如下（x 的值分别输入-5、10、27、38）：

```
y=  5
y=  -18481.78033459865
y=  14348907.0
y=  1269.5175697445086
```

4.2.4　if 语句和 if... else 语句的嵌套形式

如果 if 语句和 if... else 语句中的内嵌语句序列又是一个 if 语句或 if... else 语句，

则称这种形式为 if 语句（或 if... else 语句）的嵌套形式。例如：

```
if <表达式 1>:
    if <表达式 2>:
        <语句序列 1>
    else:
        <语句序列 2>
[else:
    if <表达式 3>:
        <语句序列 3>
    else:
        <语句序列 4>]
```

如果上面的一般格式中没有方括号中的内容，就会出现 else 与哪个 if 匹配的问题，有可能导致语义错误，就是所谓的 else 悬挂问题。对于其他程序语言，如 C++，就要强制 else 与最近的 if 匹配。好在 Python 以严格的缩进方式表达匹配，不需要指定。

实际上，用 if 语句（或 if...else 语句）的嵌套形式完全可以代替 if...elif 语句。但从程序结构上讲，后者更清晰。所以，程序语言中的某些语句只是为了方便程序员写程序，不一定是必要的。

对于例 4.3，完全可用嵌套形式表达如下：

```
# -*- coding: gb2312 -*-
# ex4-3_2  if语句（或 if...else 语句）的嵌套形式
from math import *                # 导入数学模块 math
x = eval(input("请输入 x: "))
if x<15 :
    if x<0 :
        y = abs(x)
    else :
        y = exp(x)*cos(x)         # exp(x)在 math 中
else :
    if x<30 :
        y = pow(x,5)
    else :
        y = (7+9*x)*log(x)        # log(x)在 math 中

print("y= ", y)
```

4.3 循环语句

在程序设计中经常需要进行一些重复操作，例如：统计一个班学生的平均成绩、进行迭代求根、计算累加和等，这时就需要用到循环结构。所谓循环结构，就是按照给定规则重复地执行程序中的语句。实现程序循环结构的语句称为循环语句。Python 语言提供两种循环语句：while 语句和 for 语句。

4.3.1 while 语句

while 语句用于实现当型循环结构，其特点是：先判断，后执行。

语法格式：

```
While <表达式> :
    <语句序列>
```

其中：

（1）<表达式>称为循环条件，可以是任何合法的表达式，其值为 True 或 False，它用于控制循环是否继续进行。

（2）<语句序列>称为循环体，它是要被重复执行的代码行。

执行顺序：首先判断<表达式>的值，若为 True，则执行循环体<语句序列>，继而再判断<表达式>，直至<表达式>的值为 False 时退出循环，如图 4-6 所示。

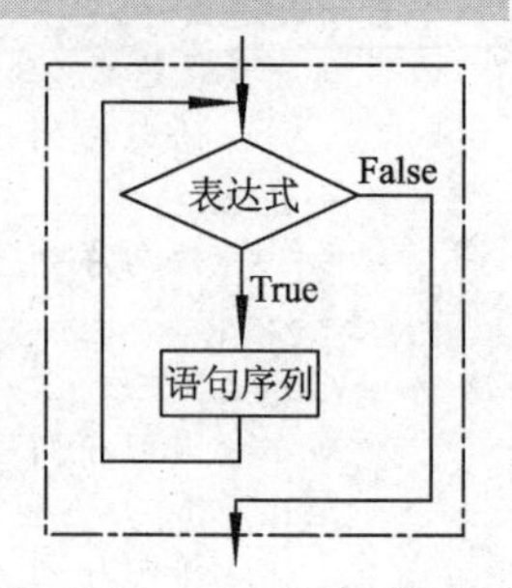

图 4-6　while 语句流程图

例 4.4　求自然数 1～100 之和。

即计算 sum=1+2+3+…+100。

分析：这是一个累加求和的问题，循环结构的算法是，定义两个 int 变量，i 表示加数，其初值为 1；sum 表示和，其初值为 0。首先将 sum 和 i 相加，然后 i 增 1，再与 sum 相加并存入 sum，直到 i 大于 100 为止。

程序代码如下：

```
# -*- coding: gb2312 -*-
# ex4-4  累加求和
i = 1
sum = 0
while i<=100 :
    sum +=i
    i+=1

print("sum= ", sum)
```

程序运行结果如下：

```
sum=5050
```

当应用 while 语句时，要注意以下几点：

（1）在循环体中应该有改变循环条件表达式值的语句，否则将会造成无限循环（死循环）。例如，在例 4.4 的循环体中，若没有 i+=1 语句，则 i 的值始终不会改变，循环也就永远不会终止。

（2）该循环结构是先判断后执行循环体，因此，若<表达式>的值一开始就为 False，则循环体一次也不执行，直接退出循环。

（3）要留心边界值（循环次数）。在设置循环条件时，要仔细分析边界值，以免多执行一次或少执行一次。

例 4.5　求出满足不等式$1+\frac{1}{2}+\frac{1}{3}+\cdots+\frac{1}{n}\geqslant 8$的最小 n 值。

分析：此不等式的左边是一个和式，该和式中的数据项个数是未知的，也正是要求出的。对于和式中的每个数据项，对应的通式为$\frac{1}{i}$（i=1，2，…，n），所以可以采用循环累加的方法计算出和式的和。设循环变量为 i，它应从 1 开始取值，每次增加 1，直到和式的值不小于 8 为止，此时的 i 值就是所求的 n。设累加变量为 s，在循环体内应把 1/*i* 的值累加到 *s*。

程序代码如下：

```
# ex4-5
i = 0
s = 0
while s<8 :
    i+=1
    s +=1/i

print("n=", i)
```

程序运行结果如下：

```
n=1674
```

4.3.2 for 语句

1. for 语句的定义

for 语句的语法格式：

```
for <变量> in <可迭代容器> :
    <语句序列>
```

其中，<变量>可以扩展为变量表，变量与变量之间用“,”分开。<可迭代容器>可以是序列、迭代器或其他支持迭代的对象。

执行顺序：<变量>取遍<可迭代容器>中的每个值。每取一个值，如果这个值在<可迭代容器>中，执行<语句序列>，返回，再取下一个值，再判断，再执行，…，直到遍历完成或发生异常退出循环。

for 语句可以遍历所有序列成员；也可以用在迭代器中，它会自动地调用迭代器的__next__()方法（在 Python 2.X 中是 next()），捕获 StopIteration 异常并结束循环，这一切工作都是在内部发生的。

Python 语言的 for 语句可以理解为循环语句的一种(所以将 for 语句列入循环语句一类中介绍),也可以单独理解为就是一种用于迭代的语句,与其他程序语言的 for 语句不一样。

for 语句是 Python 语言提供的最强大的循环结构。for 语句主要用于访问序列和迭代器（iterator）。迭代器是一个可以标识序列中元素的对象。这句话帮助我们区分序列与迭代器：for 语句的语法格式中的<可迭代容器>可以直接是一个字符串、列表、元组等，还可以用一些函数产生序列或迭代器。如果函数产生的是序列，如 range()、sorted()函数，那么，for 语句访问的是序列。如果函数产生的是迭代器，如 enumerate()、reversed()、zip()函数，for 语句访问的是迭代器。例如：

```
>>> s = [0, 1, 2, 5, 100, 'ABC']
>>> s
[0, 1, 2, 5, 100, 'ABC']
>>> enumerate(s)
<enumerate object at 0x0000000002E15750>                # 迭代器
>>> type(enumerate(s))
<class 'enumerate'>
>>> zip(s)
```

```
<zip object at 0x0000000002E31A08>                    # 迭代器
>>> type(zip(s))
<class 'zip'>
>>> reversed(s)
<list_reverseiterator object at 0x0000000002E9D7B8>  # 迭代器
>>> type(reversed(s))
<class 'list_reverseiterator'>
```

序列例子：

```
>>> s = ["XYZ", "Hello", "ABC", "Python"]
>>> sorted(s)
['ABC', 'Hello', 'Python', 'XYZ']
>>> range(10)
range(0, 10)
>>> x = sorted(s)
>>> x[3]
'XYZ'
>>> y = range(10)
>>> y[8]
8
```

2. for 语句的应用

（1）使用序列迭代：

```
>>> s = ["XYZ", "Hello", "ABC", "Python"]
>>> for i in s :
...     print(i)
...
XYZ
Hello
ABC
Python
```

（2）使用序列索引迭代：

```
>>> s = ["XYZ", "Hello", "ABC", "Python"]
>>> for i in range(len(s)) :
...     print(i,s[i])
...
0 XYZ
1 Hello
2 ABC
3 Python
```

（3）使用数字对象迭代：

```
>>> x = range(5)
>>> for i in x :
...     print(i, x[i])
...
0 0
1 1
2 2
3 3
4 4
```

（4）使用迭代器迭代：

```
>>> s = ["XYZ", "Hello", "ABC", "Python"]
>>> s1 = [200, 300, 1000, 500, 800]
>>> for x, y in zip(s, s1) :
...     print("%8s%8d"%(x, y))
...
     XYZ     200
   Hello     300
     ABC    1000
  Python     500
```

4.3.3 多重循环

多重循环又称循环嵌套，是指在某个循环语句的循环体内还可以包含有循环语句。在实际应用中，两种循环语句不仅可以自身嵌套，还可以相互嵌套，嵌套的层数没有限制，呈现出多种复杂形式。在嵌套时，要注意在一个循环体内包含另一个完整的循环结构。例如：

```
while <表达式1> :
    …
    while <表达式2> :
      <循环体>
    …
    for  <变量> in <可迭代容器> :
      <循环体>
    …
```

讲解二重循环的经典例子要数“9×9 乘法表”的输出。用外层循环控制“9×9乘法表”的输出行，用内层循环控制“9×9 乘法表”的输出列。

例 4.6 编程输出“9×9 乘法表”。

通常，在 Python 语言中，for 语句用于序列迭代。可以用 while 语句解决这个问题。当然，刻意要使用 for 语句也可以。程序代码如下：

```
# -*- coding: gb2312 -*-
# ex4-6
print()
for i in range(1,10) :
    for j in range(1,10) :
        print(i*j, end='\t')    # 行中每个值以'\t'空开
    print()
```

程序输出结果如下：

```
1   2   3   4   5   6   7   8   9
2   4   6   8   10  12  14  16  18
3   6   9   12  15  18  21  24  27
4   8   12  16  20  24  28  32  36
5   10  15  20  25  30  35  40  45
6   12  18  24  30  36  42  48  54
7   14  21  28  35  42  49  56  63
```

```
8   16  24  32  40  48  56  64  72
9   18  27  36  45  54  63  72  81
```

如果用 for 语句实现输出上、下三角形“9×9 乘法表”，可以实现，但不如用 while 语句灵活（不方便控制内层循环的终点，终点是一个变化的量）。下面的代码实现下三角形“9×9 乘法表”的输出。

```
# -*- coding: gb2312 -*-
# ex4-6_2
print()
i = 1
while i<=9 :
    j = 1
    while j<=i :                    # 内层循环的终点是一个变化的量
        print(i*j, end='\t')     # 行中每个值以'\t'空开
        j = j+1
    i = i+1
    print()
```

这个程序的输出结果如下：

```
1
2   4
3   6   9
4   8   12  16
5   10  15  20  25
6   12  18  24  30  36
7   14  21  28  35  42  49
8   16  24  32  40  48  56  64
9   18  27  36  45  54  63  72  81
```

4.4 pass、break、continue、else 语句

pass 语句可以算作顺序语句，可用在任何地方。break、continue、else 语句可以算作特别的顺序语句，只是它们用的地方特别。它们要与分支、循环语句合作使用。

4.4.1 pass 语句

pass 语句可以用在任何地方。例如：

```
>>> pass                    # 什么事也没做，一个空语句
>>> if True :               # 用在 if 语句中，if 语句满足条件时，也不做事
...     pass
...
>>> while 1 :               # 无穷循环，循环体没有任何动作
...     pass
```

4.4.2 break 语句

break 语句用在循环语句（迭代）中，结束当前的循环（迭代）跳转到循环语句的下一条。break 语句常常与 if 语句联合，满足某条件时退出循环（迭代）。

例 4.7 输入一个数，判断是否为质数。

程序代码如下：

```
# -*- coding: gb2312 -*-
# ex4-7
from math import *
x = eval(input("输入一个数:  "))
i = 2
while i<=int(sqrt(x)) :
    if x%i ==0 :
        break
    i = i+1

if i>int(sqrt(x)) :
    print(x, " : 质数")
else :
    print(x, " : 非质数")
```

三次运行程序，分别输入 19、8、97，三次运行结果如下：

```
19  : 质数
8  : 非质数
97  : 质数
```

这个程序的特点是：当循环通过 break 语句跳出循环时，变量 i 的值小于或等于 int(sqrt(x))；只有 x 是质数时，循环才会执行到终点，这时变量 i 的值大于终点。这是一个判断循环执行是否到终点的办法。

4.4.3 continue 语句

continue 语句用在循环语句（迭代）中，忽略循环体内 continue 语句后面的语句，回到下一次循环（迭代）。

图 4-7 是以 while 循环结构为例，说明在执行含有 break 语句或 continue 语句的循环时流程变化的示意图。

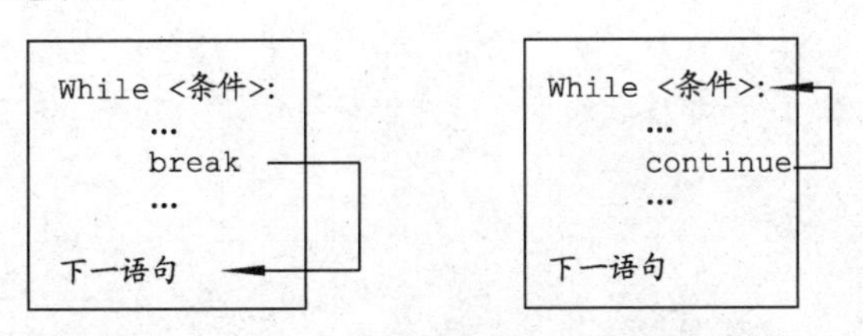

图 4-7 break 和 continue 语句的区别

例 4.8 continue 语句应用示例。请写出下列程序的运行结果。

程序代码如下：

```
# -*- coding: gb2312 -*-
# ex4-8
s = 0
for i in range(1,11) :
    if i%2 == 0 :
        continue
    if i%10 == 7 :
        break
```

```
    s = s+i
print("s= ",s)
```

程序运行结果如下：

```
s=  9
```

程序运行结果分析：程序中当 i 是偶数，即 i%2==0 时，遇到 continue 语句，程序结束本次迭代而转向 for 语句的下一次迭代，当 i%10==7，即对 10 求余等于 7 时遇到 break 语句，程序将跳出迭代输出 s；其他的数都会遇到 s = s+i。所以可以看出，i 从 1 迭代到 7，只有 1、3、5 这 3 个数累加到变量 s 中，所以最后 s 的值是 1+3+5 等于 9。

4.4.4 else 语句

在 Python 语言中，else 语句还可以在 while 语句或 for 语句中使用。else 语句（块）写在 while 语句或 for 语句尾部，当循环语句或迭代语句正常退出（达到循环终点、或迭代完所有元素）时，执行 else 语句下面的语句序列（else 语句下面可以写多个子句）。这意味着 break 语句也会跳过 else 语句。

这是我们目前看到的程序设计语言中独到的地方，这个附加的 else 语句加得好，让程序员不必考虑循环退出后，循环是正常退出还是中途退出。所以例 4.7“判断一个数是否为质数”的问题可以改造成例 4.9，例 4.9 看起来舒服一些。

例 4.9 输入一个数，判断是否为质数。

程序代码如下：

```
# -*- coding: gb2312 -*-
# ex4-9
from math import *
x = eval(input("输入一个数:  "))
i = 2
while i<=int(sqrt(x)) :
    if x%i ==0 :
        print(x, " : 非质数")
        break
    i = i+1
else :
    print(x, " : 质数")
```

4.5 程序实例

在这一节，选择几个有代表性的例子来设计程序，目的是帮助读者提高程序设计能力，加深对所学基本概念和各种语句的理解。更重要的是通过示例，探索解决问题的方法。解决问题的思路、步骤是这一章的重点。

例 4.10 求两个正整数的最大公约数和最小公倍数。

分析：设 m 为被除数，n 为除数，r 为余数，通常采用辗转相除的欧几里得算法来求最大公约数。将 m 除以 n 得余数 r，如果 r 不等于 0，则把 n 赋给 m，把 r 赋给 n，

再继续求余数 $r = m\%n$，如果 r 仍然不等于 0，则重复上述过程，直到余数 r 等于 0 为止。这时的 n 就是最大公约数。

最小公倍数的计算方法为：

m 与 n 的最小公倍数= $(m*n)/(m$ 与 n 的最大公约数)

程序代码如下：

```
# -*- coding: gb2312 -*-
# ex4-10
from math import *
m = eval(input("输入第一个数: "))
n = eval(input("输入第二个数: "))
t = m*n
if m<n :
    m,n = n,m
while m%n != 0 :
    r = m%n
    m = n
    n = r
print("最大公约数: ",n)
print("最小公倍数:",t//n)
```

当输入的两个正整数分别是：432、3584，程序的运行结果是：

```
最大公约数: 16
最小公倍数: 96768
```

例 4.11 求 Fibonacci（斐波那契）数列的前 20 项，并输出。

Fibonacci 数列：$f(0)=0$，$f(1)=1$，$f(n)=f(n-1)+f(n-2)$（$n\geqslant 2$）

分析：数列的前 20 项包括第 0 项到第 19 项。

```
# -*- coding: gb2312 -*-
# ex4-11
print()
a, b = 0, 1
for i in range(20) :
    if (i+1)%5!=0 :
        print(a, end='\t')
    else :
        print(a, end='\n')
    a, b = b, a+b
print()
```

输出结果：

```
0       1       1       2       3
5       8       13      21      34
55      89      144     233     377
610     987     1597    2584    4181
```

例 4.12 求 3～100 之间的所有素数（质数）及素数之和。

分析：

（1）一个大于 1 的整数，如果除了它自身和 1 以外，不能被其他任何正整数所整除，那么这个数就称为素数。判别某数 m 是否为素数，最简单的方法是：用 i=2，3，…，

m-1 逐个除，只要有一个能整除，m 就不是素数，可以用 break 语句提前结束循环；若都不能整除，则 m 是素数。

（2）如果 m 不是素数，则必然能被分解为两个因子 a 和 b，并且其中之一必然小于或等于 $\sqrt{m}$，另一个必然大于或等于 $\sqrt{m}$。所以要判断 m 是否为素数，可简化为判断它能否被 2～ $\sqrt{m}$ 之间的数整除即可。因为若 m 不能被 2～ $\sqrt{m}$ 之间的数整除，则必然也不能被 $\sqrt{m}$ ～m-1 之间的数整除。

（3）要判断多个素数是否为素数，需要使用双重循环。外循环每循环一次提供一个数，由内循环通过多次除法判断其是否为素数。

（4）因为有了 else 语句，就不需要再判断是否使用 break 语句提前结束循环。

程序代码如下：

```
# -*- coding: gb2312 -*-
# ex4-12
from math import *
m = 3
s = 0
while m<100 :
    k = int(sqrt(m))
    i =2
    while i<=k :
        if m%i==0 :
            break
        i = i+1
    else :
        print(m, end='\t')
        s = s+m
    m = m+2
print("\n3～100 之间所有素数之和: ",s)
```

程序运行结果如下：

```
3   5   7   11  13  17  19  23  29  31  37  41
43  47  53  59  61  67  71  73  79  83  89  97
3～100 之间所有素数之和: 1058
```

例 4.13　输入 x，计算 sin(x)。计算公式为：

$$\sin(x)=\frac{x}{1}-\frac{x^3}{3!}+\frac{x^5}{5!}-\frac{x^7}{7!}+\cdots+(-1)^{(n-1)}\frac{x^{2n-1}}{(2n-1)!}$$

当第 n 项的绝对值小于 10^{-6} 时结束，x 为弧度；并调用标准函数 sin(x)，比较结果。

分析：这是一个求部分级数和的问题，也就是将求和式中的每项相加，直到某项的绝对值小于 10^{-6} 时为止。该题的关键是找出前后相邻两奇数项的关系，可以得到递推公式：

$$t_{n+2}=-\frac{x^2}{(n+1)(n+2)}t_n \quad (n=1,\ 3,\ 5,\ 7,\ \cdots)$$

程序代码如下：

```
# -*- coding: gb2312 -*-
# ex4-13
from math import *
```

```
n = 1
sinx = 0.0
x = eval(input("请输入 x 的值: "))
t = x
while abs(t)>=0.000001 :
    sinx = sinx+t
    t = -t*x*x/((n+1)*(n+2))
    n = n+2
print("编程求得的 sin(",x,")= ",sinx)
print("调用标准函数求得的 sin(",x,")= ",sin(x))
```

程序的运行结果如下（x=1.326）：

```
编程求得的 sin(1.326)= 0.9701872590774688
调用标准函数求得的 sin( 1.326 )=  0.9701867070743878
```

例 4.14 用“枚举法”求解百元买百鸡问题。假定公鸡 5 元 1 只，母鸡 3 元 1 只，小鸡 1 元 3 只，现在有 100 元钱要买 100 只鸡，且需包含公鸡、母鸡和小鸡，编程列出所有可能的购鸡方案。

分析：“枚举法”又称“穷举法”，即将可能出现的各种情况一一进行测试，判断是否满足条件，采用循环可方便地实现。设公鸡、母鸡、小鸡各有 x、y、z 只，根据题目要求，可列出方程：

$$\begin{cases} x+y+z=100 \\ 5x+3y+z/3=100 \end{cases}$$

这是一个不定方程组，有三个未知数，两个方程，此题有若干解。

若把所有购鸡情况都加以考虑，利用三重循环（或迭代）（x、y、z 都是从 1 循环到 100）表示三种鸡的只数，程序将执行 1 000 000 次循环，因此需要对循环进行优化。根据三种鸡的只数为 100 的关系，可减少一重循环，用二重循环实现。同时每种鸡的循环次数不必到 100，因为还要满足总价格为 100 元的条件，公鸡、母鸡最多分别买 19 只、31 只，故共执行 589 次循环。

程序代码如下：

```
# -*- coding: gb2312 -*-
# ex4-14
print("公鸡数","母鸡数","小鸡数", sep='\t')
for x in range(1,20) :
   for y in range(1,32) :
       z = 100-x-y
       if 5*x+3*y+z/3==100 :
           print(x,y,z, sep='\t')
```

程序的运行结果如下：

```
公鸡数   母鸡数   小鸡数
4        18       78
8        11       81
12       4        84
```

例 4.15 计算 π 的值。

根据公式：

$$\frac{\pi}{4}=1-\frac{1}{3}+\frac{1}{5}-\frac{1}{7}+\frac{1}{9}-\cdots$$

设计程序如下：

```
# -*- coding: gb2312 -*-
# ex4-15 计算π的值
from math import *
from time import clock
clock()    #启动计时
# k表示正负; t表示公式中某项数据
n, k, t, pi1 = 1, 1, 1.0, 0.0
while abs(t)>1.0E-8 :
    pi1=pi1+t
    n=n+2
    k=-k
    t=(1.0/n)*k

print('程序计算出的π值: ', 4*pi1)
print('math模块的π值:   ', pi)
print('运行时间: ', clock(),'s')
```

程序运行结果如下：

```
程序计算出的π值:     3.1415926335902506
math模块的π值:    3.141592653589793
运行时间: 34.911253577091564 s
```

程序运行结果表明：计算出来的π值与系统给的标准值基本相同，能保证小数点后 7 位是准确的。这个程序是用系统浮点数对象得到的，花费的时间也很长，如果要求更高的精度（如保证小数点 15 位数是准确的），花费的运行时间将成指数增长。

例 4.16 计算π值实例 2。

在例 4.15 中，因为算法原因，导致计算时间过长，如果要求保证小数点 15 位精度，计算时间会更长。现在改变算法，用下面的公式计算π值。

$$\pi = 2\times(1+\frac{1}{3}+\frac{1}{3}\times\frac{2}{5}+\frac{1}{3}\times\frac{2}{5}\times\frac{3}{7}+\frac{1}{3}\times\frac{2}{5}\times\frac{3}{7}\times\frac{4}{9}+\cdots)$$

这个算法比例 4.15 的算法显然要高效许多，后者的一正一负数据项延缓了逼近结果的速度。

程序代码如下：

```
# -*- coding: gb2312 -*-
# ex4-16 计算π的值
from math import *
from time import clock
clock()    # 启动计时
x = z = 2.0
a,b = 1,3
while z>1.0E-15 :
    z=z*a/b
    x=x+z
    a=a+1
```

```
    b=b+2

print('程序计算出的π值: ', x)
print('math 模块的π值:   ', pi)
print('运行时间: ', clock(),'s')
```

程序运行结果：

```
程序计算出的π值:  3.141592653589792
math 模块的π值:    3.141592653589793
运行时间:  0.0012664571869392754 s
```

这个程序直接用 Python 的浮点类型输出结果，因为 Python 的浮点类型对象是 64 位，可以达到 15 位左右的数据精度。

例 4.17 计算π值实例 3。

在例 4.16 中，使用浮点类型保存π值最多也就是 15 位左右的数据精度，下面改变存储方式，仍使用例 4.16 中的公式计算π值，结果就大不同了。

程序原理与例 4.16 一样，将公式中每个被加项在循环语句 while 的控制下，一项项地加到累计和（π值）中，只是累计和不是用一个变量表示，而是用列表 x 保存π的值，x[1]保存整数部分，x[i]（i=2，3，…）保存一位十进制小数；列表 z 保存被加项目。这个程序的关键点是如何将被加项目分布在列表 z 中，累计和（π值）如何分布在列表 x 中。

程序代码如下：

```
# -*- coding: gb2312 -*-
# ex4-17 计算π的值
from time import clock
clock()                          # 启动计时
N=1010
WIDTH=N-10
a,b,c,d,i,run,cnt,cntMAX=1,3,0,0,0,1,1,1000000
x,z=[],[]                        # 分别保存π值、被加项目值
for i in range(N):               # 设置列表，1010 个元素，置 0
    x.append(0)
    z.append(0)
x[1]=2
z[1]=2
while (run and cnt<cntMAX):
    # 把某一项的分子存储到列表 z 中
    i=N-1
    while i>0:
        c=z[i]*a+d
        z[i]=c%10
        d=c//10
        i=i-1
    # 把某一项的分母存储到列表 z 中
    d=0
    i=0
    while i<N:
        c=z[i]+d*10
```

```
            z[i]=c//b
            d=c%b
            i=i+1
        # 把某一项的值加到列表 x 中
        # run 为 0，表示某项加上后，已经不改变π值了，即达到了精度要求
        # 也就是列表 z 中的所有元素为 0
        run=0
        i=N-1
        while i>0:
            c=x[i]+z[i]
            x[i]=c%10
            x[i-1]=x[i-1]+c//10
            run=run | z[i]
            i=i-1
        a=a+1
        b=b+2
        cnt=cnt+1

    print('运行次数: ', cnt)
    print('程序计算出的π值: ')
    print(int(x[1]),'.', sep='',end='')
    for i in range(2, WIDTH+2):
        print(int(x[i]), sep='',end='')
    print()
    print('运行时间: ', clock(),'s')
```

程序运行的结果如下：

```
    运行次数:  3346
    程序计算出的π值:
    3.14159265358979323846264338327950288419716939937510582097494459230
7816406286208998628034825342117067982148086513282306647093844609550582
2317253594081284811174502841027019385211055596446229489549303819644288
1097566593344612847564823378678316527120190914564856692346034861045432
6648213393607260249141273724587006606315588174881520920962829254091715
3643678925903600113305305488204665213841469519415116094330572703657595
9195309218611738193261179310511854807446237996274956735188575272489122
7938183011949129833673362440656643086021394946395224737190702179860943
7027705392171762931767523846748184676694051320005681271452635608277857
7134275778960917363717872146844090122495343014654958537105079227968925
8923542019956112129021960864034418159813629774771309960518707211349999
9983729780499510597317328160963185950244594553469083026425223082533446
8503526193118817101000313783875288658753320838142061717766914730359825
3490428755468731159562863882353787593751957781857780532171226806613001
9278766111959092164201989
    运行时间:  8.60099756595276 s
```

这个程序输出π值，保留小数位数 1 000 位，耗时 9 s 左右。还可以继续扩大列表容量（如 n=10 010），让程序输出更多位数的π值。作者测试过，输出 10 000 位

需要费时 15 min 左右。

例 4.18 计算 π 值实例 4。

使用另一个算法（马青公式）计算 π 值。这个程序的最大特点是充分发挥了整数无界的特点，将 π 值的小数点后移 $n+10$ 位，直接用整数表示后移后的 π 值。

马青公式：$\pi/4 = 4\mathrm{arctg}(1/5)-\mathrm{arctg}(1/239)$

又因为 $\mathrm{arctg}(x) = x-(1/3)x^3+(1/5)x^5-(1/7)x^7+\ldots+((-1)^{(n-1)}/(2n-1))x^{(2n-1)}$

所以：$\pi/4 = (4/5-1/239)-(1/3)(4/5^3-1/239^3)+(1/5)(4/5^5-1/239^5)-\cdots$

程序代码如下：

```
# -*- coding: gb2312 -*-
# ex4-18 计算π的值
from time import clock
n = int(input('请输入要求 PI 的小数位数 n:'))
clock()                           # 启动计时
w = n+10
b = 10**w
x1 = b*4//5                       # 求含 4/5 的首项
x2 = -b//239                      # 求含 1/239 的首项
pi = x1+x2
n = n*2
for i in range(3,2*n,2):
x1 = -x1//25                      # 求每个含 1/5 的项及符号
x2 = -x2//57121                   # 求每个含 1/239 的项及符号
x = (x1+x2)//i                    # 求两项之和
pi = pi+x
pi = pi*4
pi = pi//10**10
print('程序计算出的π值: ')
print(pi)
print('运行时间: ', clock(),'s')
```

程序计算 10 000 位的 π 值耗时 0.18 秒，因为篇幅问题，此处就不列出输出结果。

这个程序直接使用整数类型保存 π 值（Python 语言的整数可以没有界限），所以运行时间很短。其实，例 4.17 的例子与例 4.18 的不同（运行时间的长短）在于保存 π 值的方法不同。例 4.17 也可以在算法不变的情况下，通过整数类型存储 π 值实现，应该运行时间也会很短。例 4.17 之所以那样实现，因为绝大多数程序语言没有无界数据类型（像 Python 语言的无界整数），只能用替代办法实现许多位 π 值计算。这就是说，其他程序语言要实现计算比较多的位数的 π 值，运行效率会很低，反过来也说明了 Python 语言的优越性所在。其实，例 4.17 的程序就是从 C++移植过来的。

另外重要的一点是：对一个问题求解，选择算法很重要。通过对比例 4.15 的算法与例 4.16、例 4.17、例 4.18 的算法，读者会发现，有的算法会大幅度提高运行效率，而有的算法运行效率会很低，甚至得不到结果。不能说运行效率不高的算法不好，只能说应用场合、适用程度不同，反映出的效果不同。

小　结

本章介绍了顺序结构、分支结构和循环结构三类语句及与分支、循环匹配的break、continue、pass 和 else 语句。本章强调：每种语句的语法是基础，构造一个程序的思路与步骤是重点。

本章给出的例子都是针对某一知识点的经典示例，读者要从这些例子中学会解决问题的方法。

相对 C/C++等发展历程较长的程序设计语言，Python 语言是一种新的程序语言，它的出现时间不长。Python 语言中的新特点比较多，例如 else 语句与循环（迭代）的联合就方便了程序员，这不奇怪！你要知道，Python 语言的开发者们都是一些程序设计高手，他（她）都经过了 C/C++或其他程序语言的训练，他（她）深知像 C/C++这样的语言中存在的缺陷和不足，所以把好的技术点设计在 Python 语言里是很自然的事。

通过这一章的学习，读者都能编写一些小规模的程序。但对于较大型的程序，还不能将问题分解成多个功能相互独立的子问题，对子问题逐个编程，整合成一个较大型的程序。这需要函数的知识。函数在下一章介绍。

习　题

一、判断题

1. 在 Python 语言中，循环语句 while 的判断条件为“1”是永真条件。　　(　　)
2. if...else 语句的嵌套完全可以代替 if...elif 语句。　　(　　)
3. break 语句用在循环语句中，可以跳出二重循环结构。　　(　　)
4. 通过 break 语句跳出循环结构后，循环控制变量的值一定大于其设定的终点值。　　(　　)
5. 在循环语句中，如果没有子句 else，也能同样完成程序的功能。　　(　　)

二、程序阅读题（指出程序的功能或运行结果）

1.

```
n,s,f = 10,0,1
for i in range(1,n+1) :
    f=f*i
    s=s+1/f
print(s)
```

2.

```
for i in range(1,5) :
   print(' '*(i-1),sep='',end='')
   for j in range(1,8-2*i+1+1) :
      print('*',sep='',end='')
   print()
```

3.

```
s = 0
for i in range(1,11):
```

```
    if i%2==0:
        continue
    if i%10==7:
        break
    s=s+i
print(s)
```

三、编程题

1. 编程求 $s=1+2+3+\dots+n$，当 $s\geqslant1000$ 时停止，输出 n、s 的值。

2. 改进例 4.17，用整数类型直接表示π值（像例 4.18 一样），计算出保留小数位数 100 位的π值。

3. 编程输出 9×9 乘法表的上三角形。

4. 输入两个正整数，判断它们是否为互质数。所谓互质数，就是它们的最大公约数为 1。

5. 编写程序，输出 2000 年至 3000 年间的闰年年号。

6. 输出 100 以内的质数个数及质数。

7. 输出 1000 以内的回文数。所谓回文数是指正读和反读都一样的正整数，如 1、22、787 等。

8. 输入一个正整数，求该数的阶乘。

9. 输入一个字符串，判断该字符串是否为回文串。

10. 输入一个正整数，反向输出该整数。例如，输入 12345，输出 54321。

11. 用牛顿迭代法求一元方程 $2x^3-4x^2+3x-6=0$ 在 $x=1.5$ 附近的根，要求精度为 10^{-6}。牛顿迭代公式为：

$$x_{n+1}=x_n-f(x_n)/f'(x_n)$$

$$f(x_n)=2x_n^3-4x_n^2+3x_n-6$$

$$f'(x_n)=6x_n^2-8x_n+3$$

第 5 章

函　　数

要编好一个较大的程序，通常需要合理划分程序中的功能模块。这些功能模块在程序设计语言中称为函数。虽然函数的表现形态各异，但共同的本质就是有一定的组织格式和被调用格式。要写好函数，必须清楚函数的组织格式（即函数如何定义）；要用好函数，则必须把握函数的调用机制。

本章介绍 Python 语言函数的定义、调用方法；变量的作用域概念；递归问题。

通过本章的学习，建立模块化程序设计的思想，从而理解函数的作用；掌握函数的定义与调用方法。

5.1　函数的概念

使用函数有两个目的：

（1）分解问题，降低编程难度。解决复杂实际问题的程序一般比较冗长而且包含许多不同类型的操作，这样的大型程序不可能完全由一个人从头至尾地完成，更不能把所有的内容都放在一个程序里。而通常是把这样的大型程序分割成一些相对独立而且便于管理和阅读的小程序单位，甚至这些小程序单位又还可分成若干更小的程序单位，逐步细化。这就把原来大问题的求解分解为若干小问题的求解，每个小问题用函数解决，各个小问题解决了，大问题就迎刃而解了。带来的好处是同时方便了程序员和阅读者。

（2）另一方面，代码重用。一个函数可以在一个程序的多处地方使用，也可以用于多个程序。此外，还可以将函数放到一个模块中供其他程序员使用。这就实现了代码重用、共享的目的。

把实现某一特定功能的相关语句按某种格式组织在一起形成一个程序单位，并给程序单位取一个相应的名称，这样的一个程序单位称为函数（function）。函数有时又称例程或过程。而给程序单位所起的名称称为函数名。

Python 语言的函数分为：用户自定义函数、系统内置函数和 Python 标准库（模块中定义的）函数。系统内置函数是用户可直接使用的函数，如 abs()、eval()、int()函数等。Python 标准库中的函数，要导入相应的标准库，才能使用其中的函数，如 math 库中的 sqrt()函数、cos()函数等，必须导入 math 库才能使用。这两类函数，在第 3 章介绍了。用户自定义函数是用户自己定义的函数，只有定义了这个函数，用户才能调用。这是本章要讨论的问题。

一个函数被使用时就是指这个函数被调用。函数调用通过调用语句实现，调用语句所在的程序或函数称为调用程序或调用函数；被调用的函数简称为被调函数。调用语句需要指定被调用函数的名称和调用该函数所需要的信息（参数）。

调用语句被执行的过程是被调函数中的语句被执行，被调函数执行完后，返回调用语句的下一句，返回时可以反馈结果给调用语句。

5.2 函数的定义与调用

5.2.1 函数定义

建立函数的一段程序（这段程序表达函数的功能）就是函数定义。在程序中使用这个函数称调用这个函数。在程序中可以多次、反复地调用一个定义了的函数。函数必须先定义后使用（调用）。

1．函数的定义格式

函数的定义格式：

```
def  <函数名>(<参数表>) :
     <函数体>
```

其中，<函数名>是任何有效的 Python 标识符，<参数表>是用“,”分隔的参数，参数可以是 0 个、1 个或多个，参数用于调用程序在调用函数时向函数传递值。写在函数定义语句（def 语句）函数名后面的圆括号中的参数称为形式参数，简称形参。写在调用语句中函数名后面的圆括号中的参数称为实际参数，简称实参。形参的表现形式是变量，也就是说形参只能是变量。形参只能函数被调用时才分配内存单元，调用结束时释放所分配的内存单元，因此，形参只在函数内部有效，函数调用结束返回主调程序或主调函数后，不能再使用被调函数中的形参。实参可以是常量、变量、表达式，在实施函数调用时，实参必须有确定的值。<函数体>是函数被调用时执行的代码段。至少要有一条语句。

例 5.1 设计一个求累计和的函数，一个形参指出累计对象的终点；主程序输入一个终点值，调用函数，输出累计和。

程序代码如下：

```
# -*- coding: gb2312 -*-
# ex5-1
def sum(x) :
    i = 1
    s = 0
    while i<=x :
        s = s+i
        i = i+1
    return s
n = eval(input("n= "))
ss = sum(n)
print("计算 1+2+3+…+",n,"的累计和:  ", ss)
```

输入值为 100 时，程序运行结果是：

```
计算 1+2+3+…+ 100 的累计和:  5050
```

2. 形参使用默认值

对于形参，还可以使用默认值。如果函数定义中存在带有默认值的参数，该参数及其所有后续参数都是可选的。如果没有给函数定义中的所有可选参数赋值，就会引发 SyntaxError 异常。例如下面的代码段：

```
def add(x,y=0,z=1) :
    s=x+y+z
    return s
ad = add(100)                    # 只给一个实参，没给的，形参使用默认值
print(ad)                        # 结果是 101
ad = add(100,200,300)            # 给三个实参
print(ad)                        # 结果是 600
```

首先定义函数 add()，形参 y 和 z 是可选参数，如果只对 y 给默认值，而不给 z 默认值，将引发异常。

3. 函数的嵌套定义

Python 语言支持函数的嵌套定义。例如：

```
def countdown(start):
   n = start
   def display()   :             # 嵌套的函数定义
      print("T-minus %d" % n)
   while n>0 :
      display()
      n = n-1
```

上面的函数定义在函数 countdown()的定义中又嵌套定义了 display()函数。笔者看不出这种定义有什么好处，如果不允许嵌套定义函数，但允许嵌套调用，同样可以完成函数 countdown()的功能。其实，许多程序语言就是这样做的。

5.2.2 函数调用

函数调用的格式：

```
<函数名>(<参数表>)
```

其中，<函数名>是事先定义函数时定义的函数名。<参数表>此时应是实际参数表，即实参表，由多个实参组成，实参用“,”分隔，实参要有确定的值。实参的个数可以少于形参的个数，这是由于形参有默认值。

函数调用的形式：

（1）函数语句。函数调用单独出现，表示主调者不需要函数的返回值，只是要求把函数执行一遍以完成函数中的操作。

（2）函数表达式。函数调用在表达式中，表示主调者需要函数的返回值。这时，函数值被当作一个参与表达式运算的数据对象。

（3）函数参数。函数调用得到的值作为另一次函数调用的实际参数。

例 5.2 设计一个函数 max(x,y)，求出大者，函数调用时，体现上面描述的三种调用形式。

程序代码如下：

```
# -*- coding: gb2312 -*-
# ex5-2
def max(x, y):
    if x>y :
        return x
    else :
        return y
max(12,15)                  # 函数语句
print(max(12,15))           # 函数表达式
z = max(12,15)              # 函数表达式
print(z)
print(max(12,max(16,5)))    # 函数参数
```

程序的最后一行代码实际上实现了在三个数中找出最大者。

函数调用时要做的工作与步骤：

（1）保存现场。如果是以函数语句形式调用，调用语句的下一条语句就是现场；如果是以函数表达式或函数参数的形式调用，因为函数调用返回时的下一步工作是让返回值参与表达式的计算，就把这一步的工作当成现场。实际上，这里的下一步工作是站在像 Python 这样的高级程序语言的角度说的，任何高级程序语言都会通过解释器或编译器翻译高级语言源程序为执行代码，上面说的下一步工作在执行代码中可能是一大段代码，所以，站在代码级的角度说事，还可以说保存现场是保存下一条代码。之所以要保存现场，就是要知道函数调用返回后，下一步该做什么工作。

（2）将实参传递给形参。

（3）程序的执行转向函数。

（4）函数执行完后，恢复现场。函数执行完后，要知道返回，就是要返回到什么地方继续执行。

5.2.3 函数的返回值

从函数的功能上讲，函数的形参是函数的输入参数，函数的返回值是函数的输出参数。

在函数的定义中，<函数体>内的 return 语句是向主调程序（函数）传递返回值的语句。它的格式是：

```
return <表达式1>[,<表达式2>[,...[,<表达式n>]]]
```

可以向主调程序（函数）传递多个返回值，这要求主调程序（函数）有多个变量接收返回的多个值。例如：

```
def add(x,y=0,z=1) :
    s=x+y+z
    return s, s+s, s*s
ad, ad1, ad2 = add(100)
```

如果函数不返回值，就不必使用 return 语句，或使用“return None”。

5.3 参数传递方式

参数传递方式是指实参向形参传递参数的方式。Python 语言只有一种参数传递方式，就是形参仅仅引用传入对象的名称。就是其他语言的传值方式。这种传值方式是让形参直接引用实参的值。从理论上讲，如果实参是一个变量，形参变量的变化不会影响实参变量。本章前面的例子都是传值。

但是，如果传递的对象是可变对象，在函数中又修改了可变对象，情况就不一样了，这些修改将反映到原始对象中，这可以理解为形参影响了实参，但不理解为参数传递是“按引用传递”或“传地址”。例如例 5.3。

例 5.3 定义一个列表：[1, 2, 3, 4, 5]，设计一个函数，对列表中的元素做平方处理，调用函数，看看原列表是否变化了。

程序代码如下：

```
# ex5-3
a = [1, 2, 3, 4, 5]
print(a)
def square(x) :
    for i, j in enumerate(x) :
        x[i] = j*j
square(a)
print(a)
```

程序运行结果如下：

```
[1, 2, 3, 4, 5]
[1, 4, 9, 16, 25]
```

到现在为止，我们还没有涉及列表（将在后续章介绍），这里只是因为列表才是可变对象，为了说明参数传递可变对象时，形参会影响实参。

程序中的 enumerate()函数产生一个表对序列，表对的第一个值是由变量 i 产生的索引值，第二个值是原列表 a 中元素的平方值。这个表对序列是一个迭代器。

程序中的形参会影响实参，实际上是函数的副作用，对于复杂编程中，尤其是涉及线程、并发程序时，通常需要锁定来防止副作用的影响。

5.4 变量作用域

变量作用域就是变量的使用范围。在一个 Python 语言程序中，可能包含很多自定义的函数，因为允许函数嵌套定义，就会出现一个函数定义的外层和内层的概念。函数的调用不存在外层和内层的概念。

程序（或函数）调用一个函数时，会为被调用的函数建立一个局部命名空间，该命名空间代表一个局部环境，其中包含函数的形参和函数体内赋值的变量名称。对于一个变量或形参，解释器将从这个局部命名空间、全局命名空间（定义被调函数的模块或程序）、内置命名空间，依次查找，直到找到确定属于哪个层次，找不到，只能报 NameError 异常。

下面涉及“定义一个变量”的概念是指首次出现，并通过赋值语句首次得到值（也就是首次建立变量与对象的联系）。换句话说，首次写在赋值语句的赋值运算符的左边。

下面用几条规则总结变量（或形参）的作用域。

（1）全局变量：一个定义在程序中（所有函数之外）的变量的作用域是整个程序，这种变量在整个程序范围内可引用，称为全局变量。

（2）局部变量：如果在一个函数中又嵌套定义另一个函数，我们暂且称这两个层次的函数为外层（函数）和内层（函数）。无论变量或形参定义在外层还是在内层，它们都定义在函数内，它们的作用域在函数内，称为局部变量。这种变量在函数内可以引用，程序的执行一旦离开相应的函数，变量失效，不可引用。

（3）不同层次的局部变量：如果有函数嵌套定义，内层中定义的变量、形参的作用域只在内层，外层定义的变量可在内层使用。

（4）全局变量与局部变量：全局变量可在函数中使用。

例 5.4 变量作用域示例。程序代码如下：

```
# -*- coding:gb2312 -*-
# ex5-4
a = 1
def second():
    b = 2+a
    def thirth():
        c = 3+a
        d = 4+b
        print(a,b,c,d)
    thirth()
    print(a,b)                          # 不能输出 c、d
second()
print(a)                                # 不能输出 b、c、d
```

程序运行结果如下：

```
1 3 4 7
1 3
1
```

上面的代码有三个层次，第一层是整个程序，第二层定义 second()，第三层定义 thirth()。变量 a 的作用域是整个程序，在两个函数内有效，但不能写在赋值语句的赋值运算符左边；变量 b 的作用域是 second()函数，在 thirth()函数中有效，也不能写在赋值语句的赋值运算符左边；变量 c、d 的作用域是 thirth()函数。反过来，变量 c、d 不能在 second()函数内的 thirth()函数外使用；变量 b 不能在 second()函数外使用。

（5）不同层次用同名变量首次赋值。如果同一个变量名在程序、嵌套定义的函数外层、内层都出现了定义（首次写在赋值语句的赋值运算符的左边），如例 5.5 中的变量 a，它们是不同的变量，各有各的作用域。这就形成此 a 非彼 a。所以例 5.5 的程序三个层次输出变量 a 的值的结果不同。

例 5.5 不同层次的同名变量的不同作用域示例。

程序代码如下：

```
# -*- coding:gb2312 -*-
# ex5-5
```

```
a = 1
def second():
    a = 2
    def thirth():
        a = 3
        print("thirth_a: ",a)
    thirth()
    print("second_a: ",a)
second()
print("first_a: ",a)
```

程序运行输出结果：

```
thirth_a:  3
second_a:  2
first_a:  1
```

（6）global 语句的运用。对于同一个变量在程序、嵌套定义的函数外层、内层都出现了定义（首次写在赋值语句的赋值运算符的左边）的情况，如果要更改嵌套定义函数外层或内层的同名变量的作用域为整个程序（或者说将变量升级为全局变量），可使用 global 语句。global 语句只是一个声明语句。这个升了级的同名变量与外面程序中定义的同名全局变量是同一个变量，但这个升了级的同名变量所在函数层的上层函数或下层函数中的同名变量的作用域不变。如例 5.6。

例 5.6 使用 global 语句示例。

程序代码如下：

```
# -*- coding:gb2312 -*-
# ex5-6
a = 1
def second():
    global a
    a = 2                          # 这层的 a 是全局变量了
    def thirth():
        a = 3                      # 这层的 a 仍是 thirth()的局部变量
        print("thirth_a: ",a)
    thirth()
    print("second_a: ",a)
second()
print("first_a: ",a)
```

程序运行结果如下：

```
thirth_a:  3
second_a:  2
first_a:  2
```

将例 5.6 稍做改写，将例 5.6 中程序代码的 global 语句从原来的地方移到 thirth()函数内。效果是 thirth()函数内的变量 a 升级为全局变量，而 second()函数内 thirth()函数外的变量 a 仍是局部变量。

程序代码如下：

```
# -*- coding:gb2312 -*-
# ex5-6_2
```

```
a = 1
def second():
    a = 2                          # 这层的a仍是second()的局部变量
    def thirth():
        global a
        a = 3                      # 这层的a是全局变量了
        print("thirth_a: ",a)
    thirth()
    print("second_a: ",a)
second()
print("first_a: ",a)
```

程序运行结果如下：

```
thirth_a:  3
second_a:  2
first_a:  3
```

（7）nonlocal 语句的运用。在使用 global 语句时，细心的读者会发现：global 语句让变量升级的目标是全局变量。如果要让局部变量升级一个层次呢？我们先构造一个有四层结构的例子，第一层（最外层）是程序层，第二、三、四层是嵌套定义的函数层。设计同名变量，在每一层都出现了定义（首次写在赋值语句的赋值运算符的左边）的情况，如果要更改升级第三层或第四层的同名变量（只升一级，不越级，升级目标是作用域范围更大一些，还是局部变量），就使用 nonlocal 语句。nonlocal 语句只是一个声明语句。这个升了级的同名变量与上一层函数中定义的同名局部变量是同一个变量，但这个升了级的同名变量所在函数层的上层函数或下层函数中的同名变量的作用域不变。如例 5.7。

例 5.7 使用 nonlocal 语句示例。

程序代码如下：

```
# -*- coding:gb2312 -*-
# ex5-7
a = 1
def second():
    a = 2
    def thirth():
        nonlocal a
        a = 3                      # 这层的a与上一层的a同作用域
        def fourth():
            a = 4                  # 这层的a的作用域不变
            print("fourth_a: ",a)
        fourth()
        print("thirth_a: ",a)
    thirth()
    print("second_a: ",a)
second()
print("first_a: ",a)
```

程序运行结果如下：

```
fourth_a:  4
thirth_a:  3
```

```
second_a:  3
first_a:  1
```

在这个程序中，nonlocal 语句使第三层的 a 与第二层的 a 同作用域，在第三层中对变量 a 进行了重新赋值，由 2 变成了 3，所以，第二层、第三层输出都是 3。第四层的变量 a 作用域不变，所以第四层输出 4。第一层变量 a 是全局变量，作用域不变，输出是 1。

同样，对例 5.7 稍做改写，让第四层的变量 a 升一级，第三层的变量 a 不升级。程序代码如下：

```
# -*- coding:gb2312 -*-
# ex5-7_2
a = 1
def second():
    a = 2                               # 这层的 a 的作用域不变
    def thirth():
        a = 3
        def fourth():
            nonlocal a
            a = 4                       # 这层的 a 与上一层的 a 同作用域
            print("fourth_a: ",a)
        fourth()
        print("thirth_a: ",a)
    thirth()
    print("second_a: ",a)
second()
print("first_a: ",a)
```

程序运行结果如下：

```
fourth_a:  4
thirth_a:  4
second_a:  2
first_a:  1
```

在这个程序中，nonlocal 语句使第四层的 a 与第三层的 a 同作用域，在第四层中对变量 a 进行了重新赋值，由 3 变成了 4，所以，第三层、第四层输出都是 4。第二层的变量 a 作用域不变，所以第二层输出 2。第一层变量 a 是全局变量，作用域不变，输出是 1。

在本节的最后，对变量的作用域做一下总结：在上面的七条规则中，第（1）～第（4）条对变量的作用域做了基本规定，第（5）～第（7）条实际上是对不同层次同名变量（首次得值）的作用域做出了规定；本节前面的所有例子，涉及多个层次结构时，都是以程序本身作为第一层（最高层，或称最外层），以下的层次以函数内嵌套定义表示第二、三、四、……、*n* 层。如果从函数调用的角度考虑整个程序的层次，如程序调用 second()函数，而 second()函数调用 thirth()函数，再有 thirth()函数调用 fourth()函数，同样有四层结构。各层次的变量（或形参）同样遵守上面七条规则。这里不再举例赘述。

5.5 嵌套调用与递归调用

5.5.1 函数的嵌套调用

一个被调用函数的函数体中出现函数调用语句（调用其他函数），这种调用现象称为函数的嵌套调用。图 5-1 所示为函数的嵌套调用示意。

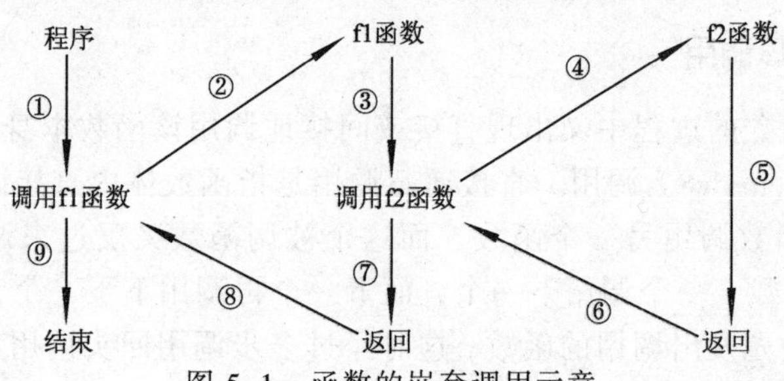

图 5-1 函数的嵌套调用示意

图 5-1 表示两层嵌套（算程序共 3 层），图中每一根带箭头的线代表一类操作步骤，共有 3 类操作：其中竖直向下的箭头线表示执行同一程序段或函数内的语句；从左下往右上的箭头线表示函数调用；从右下往左上的箭头线表示函数返回。每根线旁边标注的数字代表执行的顺序，即第 1 步首先从程序的先前代码开始执行，第 2 步执行程序调用 f1 函数的操作，……，第 9 步执行程序的末尾代码，直到整个程序运行结束。发现嵌套调用有这样一个规律：最先执行的程序最后结束，而最后被调用的 f2 函数却最先结束，这在计算机中称作“后进先出”规则，即堆栈技术原理。

例 5.8 编程求组合 $C_m^n=\frac{m!}{n!(m-n)!}$，其中求组合的功能要求用函数完成。

组合的定义：从 m 个不同元素中取 n 个不重复的元素组成一个子集，而不考虑其元素的顺序，称为从 m 个中取 n 个的无重组合。其中，$C_m^n=C_m^{m-n}$，$m\geqslant n$。

分析：根据组合的计算公式，组合函数有两个形参 m、n，可以定义函数 comb(n, m)求组合。而在 comb()函数中需要 3 次计算阶乘，如果定义函数 fac(k)求 k 的阶乘，然后在 comb()函数中调用 fac()函数，可以使程序代码简单，只要在 comb()函数中写一个语句“c = fac(m)/(fac(n)*fac(m−n))”即可求出组合值。

程序调用函数 comb()；comb()在执行过程中又调用了函数 fac()。fac()的调用被嵌套在函数 comb()的调用中。

程序代码如下：

```
# -*- coding:gb2312 -*-
# ex5-8
n = eval(input("Input n: "))
m = eval(input("Input m: "))
def fac(k) :
    i = f = 1
    while i<=k :
        f = f*i
        i = i+1
```

```
    return f
def comb(n, m) :
    c = fac(m)//(fac(n)*fac(m-n))
    return c
print(comb(n, m))
```

输入 n 的值为 2，m 的值为 4，程序运行结果如下：

```
6
```

5.5.2 函数的递归调用

在调用一个函数的过程中又出现直接或间接地调用该函数本身，这种调用现象称为函数的递归（recursive）调用。直接递归调用是指函数体内直接调用本身，间接递归调用是指一个函数调用另一个函数，而这个被调函数又反过来调用先前的调用函数；或者，有多函数，一个调用下一个，而下一个再调用下下一个，……，最后一个函数反过来调用最先发出调用的函数，这时经过多步调用回头调用自身。函数的直接递归调用和间接递归调用如图 5-2 所示。

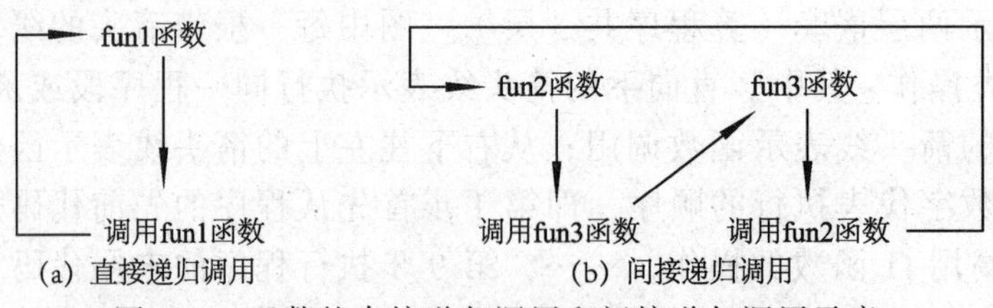

图 5-2 函数的直接递归调用和间接递归调用示意

可以看到，递归调用是一种特殊的嵌套调用。观察图 5-2 所示两种递归调用会发现这两种递归调用似乎都是无限地调用自身（形成无限循环调用）。显然，这样的程序将出现类似于“无限循环”的问题。然而，有意义的递归调用应当只允许出现有限次的递归调用，当达到某种条件时应该使递归调用终止。通常这种条件称作递归终止条件，可以用“if <递归终止条件>”的句式来控制递归调用终止。

递归在解决某些问题时是一个十分有用的方法。其一，因为有的问题它本身就是递归定义的；其二，因为它可以使某些看起来不易解决的问题变得容易描述和容易解决，使一个蕴含递归关系且结构复杂的程序变得简洁精练，增强程序可读性。

例 5.9 编写递归调用函数计算 $n!$的值。

分析：$n!$本身就是以递归形式定义的：

$$n! = \begin{cases} 1 & (n=1) \\ n(n-1)! & (n>1) \end{cases}$$

求 $n!$，应先求$(n-1)!$；而求$(n-1)!$，又需要先求$(n-2)!$；而求$(n-2)!$，又可以变成求$(n-3)!$，……，如此递推，直到最后变成求 1!的问题。而根据公式有 1!=1（这就是本问题的递归终止条件）。由终止条件得到 1!结果后，再反过来依次求出 2!，3!，……，直到最后求出 $n!$。

设求 $n!$的函数为 fac(n)，函数体内求 $n!$，只要 $n>1$，可用 n*fac($n-1$)表示，即 fac(n)函数体内将递归调用 fac()自身；一旦参数 n 为 1，则终止调用函数自身并给出函数值 1。

程序代码如下：

```
# -*- coding:gb2312 -*-
# ex5-9
def fac(n) :
   if n==1 :
      return 1
   else:
      return n*fac(n-1)
x=eval(input("input a value:"))
y=fac(x)                                        # 主程序调用 fac()函数
print(y)
```

程序运行时如果输入：3

主程序语句执行 y=fac(3)，引起第 1 次调用函数 fac()。进入函数后，形参 n=3，应执行计算表达式：

```
3*fac(2)
```

为了计算 fac(2)，又引起对函数 fac()的第 2 次调用（此乃递归调用），进入函数 fac()，形参 n=2，应执行计算表达式：

```
2*fac(1)
```

为了计算 fac(1)，第 3 次调用函数 fac()，进入函数 fac()，形参 n=1，此时执行 fac(1) = 1，完成第 3 次调用，回送结果 return 1，返回调用处（即回到第 2 次调用层）。

计算 2*fac(1)=2*1=2，完成第 2 次调用，return 2，返回第 1 次调用层。

计算 3*fac(2)=3*2=6，完成第 1 次调用，return 6，返回主程序。

fac(3)的递归调用及返回过程如图 5-3 所示，图中的数字序号表示递归调用和返回的先后顺序。

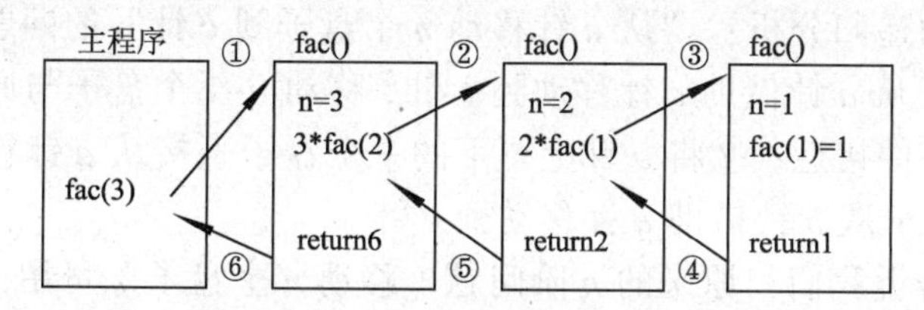

图 5-3 求 fac(3)的递归过程

从求 $n!$的递归程序中可以看出，递归定义有两个要素：

（1）递归终止条件。也就是所描述问题的最简单情况，达到该条件时，函数的值可以直接确定而不需要再进行递归调用。如例 5.9，当 n=1 时，fac(n)=1，不再调用 fac(n–1)。

（2）向终止条件转化的规则。递归定义必须能使问题越来越简单，即参数越来越接近终止条件的参数，最终达到终止条件使函数有确定的值。如例 5.9，fac(n)由 n *fac(n–1)定义，参数从大于 1 逐步趋向于 1，最终达到 1（即满足了终止条件）。

采用递归调用的程序结构清晰，但采用递归调用的程序往往执行效率低。因为在递归调用过程中，系统需要为每次调用保存返回断点、局部变量等，保存这些信息使用称为堆栈的数据结构。所以，费时又费内存空间。递归次数过多容易造成堆栈溢出，Python 系统对递归函数调用的深度做了限制，默认限制是 1000。可以通过 sys.getrecursionlimit() 函数获得当前系统的最大递归深度，而可以使用

sys.setrecursionlimit()函数修改这个递归深度默认值，超出递归深度默认值时，将引发RuntimeError 异常。

例 5.10 Hanoi 问题。

用递归算法实现 Hanoi 问题可以使复杂的移动过程变得简单。Hanoi 问题的描述如图 5-4 所示，一个底座上有三根针，分别为 *a* 针、*b* 针和 *c* 针，原始状态是：在 a 针上有 64 个盘子（图上仅画 3 个盘子以简化问题），这些盘子大小不同，从底座往上观察盘子直径是由大到小，*b* 针和 *c* 针上没有盘子。问题是：每次只能移动 1 个盘子，并且任何时候不允许大的盘子压在小的盘子上面，如何将 *a* 针上的 64 个盘子移动到 *c* 针上（在移动过程中，可以借用第三根针作暂存盘子的针）给出具体的移动步骤。

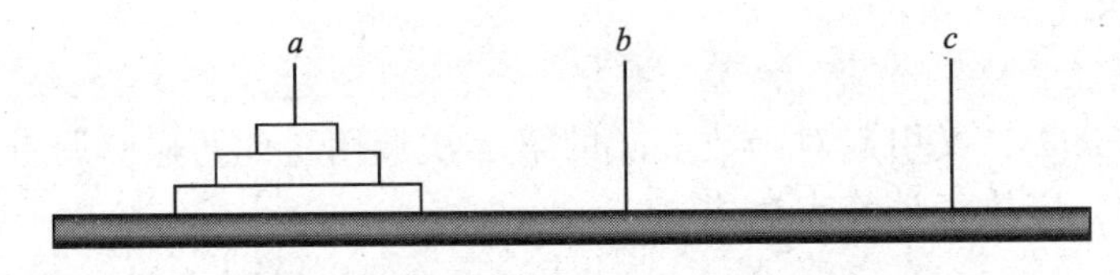

图 5-4　3 个盘子的 Hanoi 问题示意图

移动盘子的过程是一个很烦琐的过程。通过计算，按规则移动 64 个盘子到目的针需要移动 $2^{64}-1$（= 18 446 744 073 709 551 615）次。我们考虑用递归求解问题。

（1）本问题的递归终止条件：如果只有 1 个盘，显然问题就好解决，直接把盘子从 *a* 针移到 *c* 针。因此终止条件是 $n = 1$。操作是直接把盘子从 *a* 移到 *c*，用“$a \to c$”表示“直接把盘子从 *a* 针移到 *c* 针”。

（2）本问题的递归分析：“从 *a* 针移动 *n* 个盘子到 *c* 针”的问题可分解为三步：①先将 $n-1$ 个盘子从 *a* 针借助 *c* 针移动到 *b* 针，移动 $n-1$ 个盘子与原问题相同，但规模变小，向终止条件接近；②将 *a* 针上剩下的一个盘子直接从 *a* 针移到 *c* 针；③再将 *b* 针上的 $n-1$ 个盘子从 *b* 针借助 *a* 针移动到 *c* 针。

上面的分析告诉我们：原来的 *n* 阶问题（移动 *n* 个盘子）可用三个子问题表示，这三个子问题中有两个是 $n-1$ 阶问题（移动 $n-1$ 个盘子），一个是一阶问题（移动 1 个盘子）。这个分解动作符合递归调用的向终止条件转化的规则。看来可用递归调用解决 Hanoi 问题。

假设将 *n* 个盘子从 *a* 针借助 *b* 针移动到 *c* 针的函数命名为：

```
hanoi(a, b, c, n)
```

根据上面的分析，可以写出求解 *n* 个盘子移动的 Hanoi 问题的函数 hanoi()。hanoi()函数的函数体描述为：当 $n>1$ 时，递归调用 hanoi()函数（分解为上面给出的三个子问题）；当 $n=1$ 时，直接移动盘子。

程序代码如下：

```
# -*- coding: gb2312 -*-
# ex5-10 Hanoi 问题

def hanoi(a, b, c, n) :
    if n == 1:
```

```
        print(a, "->", c)
    else :
        hanoi(a, c, b, n-1)
        print(a, "->", c)
        hanoi(b, a, c, n-1)

n = eval(input("输入盘子的层数: "))
hanoi('a', 'b', 'c', n)
```

当输入盘子层数为 3 时，程序运行结果如下：

```
a -> c
a -> b
c -> b
a -> c
b -> a
b -> c
a -> c
```

小 结

本章介绍了函数的定义与调用、函数的返回值、函数的参数传递方式、变量的作用域、函数的嵌套调用与递归调用。如何定义函数、如何调用函数是本章的重点，函数的参数传递方式、变量的作用域、函数的嵌套调用与递归调用是难点。

在 Python 语言中，虽然函数的参数传递方式只有传值方式，但参数对象是序列等可变对象时，形参对实参是有影响的。

变量的作用域是反映变量在不同的程序结构层次内的有效性，读者要正确理解和掌握。

递归调用函数的编写是有难度的，取决于对问题的分析、对递归算法的把握。而且，函数的递归调用是一种执行效率不高、有限制（递归深度）的函数调用方法。尤其是像 Python 这样的解释性脚本语言，不如编译方式的语言。例如求解 Hanoi 问题，对 64 阶的 Hanoi 问题，求解是困难的。

习 题

一、判断题

1. 函数的定义可以嵌套。 （ ）
2. 函数的调用可以嵌套。 （ ）
3. 函数的作用仅是分解问题规模、降低编程难度。 （ ）
4. 函数的调用格式有三种形式。 （ ）
5. 调用程序或函数可以不接收被调用函数的返回值。 （ ）
6. 在 Python 语言中，函数的参数传递方式只有传值方式，所以形参是不会影响实参的。 （ ）
7. global 语句的作用是升格局部变量为全局变量。 （ ）

8. 不同层次的多个同名局部变量中的某个升格为全局变量后，其他的同名局部变量作用域不变。 ( )

9. nonlocal 语句的作用是提升局部变量的作用域一个层次。 ( )

10. 因为整数没有范围限制，所以可以通过递归调用成功实现求 10000！ ( )

二、程序阅读题（指出程序的功能或运行结果）

1. 指出函数功能

```
def f(x):
if x=='':
    return x
else:
    return f(x[1:])+x[0]
```

2. 指出函数功能

```
def f(m,n):
    if m<n :
        m,n = n,m
    while m%n != 0 :
        r = m%n
        m = n
        n = r
    return n
```

3. 指出函数运行结果

```
def f1(p):
    s=1
    i=1
    while i<=p :
        s=s*2
        i=i+1
    return s
def f2(q):
    s=0
    i=1
    while i<=q :
        s=s+2
        i=i+1
    return s

s=f1(5)+f2(10)
print(s)
```

4. 指出函数运行结果

```
a = 1
def second():
    a = 2
    def thirth():
        global a
        a = 3
        print(a)
    thirth()
```

```
    print(a)
second()
print(a)
```

5. 指出函数运行结果

```
a = 1
def second():
    a = 2
    def thirth():
        nonlocal a
        a = 3
        print(a)
    thirth()
    print(a)
second()
print(a)
```

三、编程题

1. 编写函数，实现求 Fibonacci（斐波那契）数列第 n 项的值。
2. 编写函数，判断一个数是否为质数。
3. 编写函数，判断两个数是否互质。
4. 分别用递归和非递归方式实现 $s=1+2+3+\cdots+n$，函数原型可以定义为：sum(n)。
5. 用递归方式实现求 a^n 的值，函数原型可以定义为：pow(a, n)。

第 6 章 列表与元组

列表（list）和元组（tuple）属于序列大类。序列包括字符串、字节串、列表和元组等。字符串和字节串是常用的基本数据对象，已在第 2 章中介绍了。列表和元组可以理解为：相对于其他程序语言，Python 语言增加了新的数据对象（列表和元组）。本章只介绍列表和元组。

6.1 序　列

属于序列（sequence）的数据类型有一个共同的特性：它们的成员是有序排列的，通过下标偏移量可以访问到某一类型对象下面的每个成员。例如，如果有语句 x = "ABCD123"，那么，可以通过 x[0]、x[1]、x[2]、……、x[6]分别访问到字符'A'、'B'、'C'、'D'、'1'、'2' 和 '3'，即变量 x[0]、x[1]、x[2]、……、x[6]分别得值'A'、'B'、'C'、'D'、'1'、'2' 和 '3'。

注意：变量 x 引用的对象类型可能是 str、list、tuple 等，但变量 x[0]、x[1]、x[2]、……引用的对象类型可能与 x 不一致。

当然，还可以通过切片操作得到序列中的多个元素。

实际上，Python 语言完全可以用增加列表、元组等新的数据类型（放弃了其他语言的数组、结构体等类型）代替数组、结构体等类型。

6.1.1 序列模型

可用图 6-1 表示序列模型，从图中可以看出序列中的每个元素是可索引的。序列中有多少个元素，就有多少个元素是可以访问的。序列中元素的下标偏移量总是从 0 开始到总元素个数-1 结束。

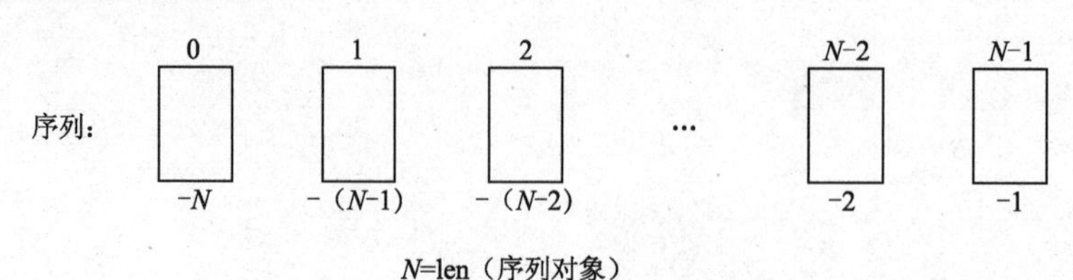

图 6-1　序列模型

6.1.2 序列操作及操作符

序列操作涉及如下内容：

（1）对象值比较可使用六个与数字比较同样的运算符：>、<、>=、<=、==、!=。

（2）对象身份比较：is、is not。

注意：is、is not 与对象值比较的“==”不一样。如有两个对象 a 和 b，a is b 等价于 id(a) == id(b)。id()是用于返回对象身份的函数。

（3）布尔运算符：not、and、or。

（4）成员关系操作：in、not in。

成员关系操作用于判断一个元素是否属于一个序列。in、not in 操作返回值为 Ture 或 False。语法格式：

```
<对象> [not] in <序列>
```

（5）连接操作符（+）：<序列 1> + <序列 1>。

（6）重复操作符（*）：<序列> * <表示重复次数的整数对象>。

（7）切片操作符（[]、[:]、[::]）。

对于序列类型对象，因为它是一个包含一些顺序的对象的结构，所以可以用下标的方式访问它的每个成员对象，也可以用下标的方式访问它的一组成员对象。这种访问方式就是切片。

（1）一个元素的切片操作。语法格式：

```
<序列>[<下标>]
```

<下标>是要访问的元素在<序列>中的偏移量。偏移量可以是正值，范围是 0～*N*-1（假定序列长度为 *N*）；也可以是负值，范围是-1～-*N*。两种偏移量的区别是分别以序列的开始点、结束点为起点。例如：

```
>>> s = ['ABCD', 'Hello', 'Python', 'CSU']
>>> s[3]
'CSU'
>>> s[-1]
'CSU'
```

因为 Python 是面向对象的，可以直接访问一个序列的元素，不必先将序列赋值给一个变量，例如：

```
>>> print(['ABCD', 'Hello', 'Python', 'CSU'][2])
Python
```

引用<下标>时，如果越界，将引发异常。

（2）一组元素的切片操作。语法格式：

```
<序列>[[<开始下标>]:[<终止下标>]]
```

这种访问方式会返回从<开始下标>～<终止下标>前一个位置的一片元素，这一片元素不包括<终止下标>对应位置上的那个元素。<开始下标>或<终止下标>是可选的，不指定或用 None 值，分别表示起点或终点。例如：

```
>>> s = ['ABCD', 'Hello', 'Python', 'CSU']
>>> s[:]
['ABCD', 'Hello', 'Python', 'CSU']
```

```
>>> s[None:]
['ABCD', 'Hello', 'Python', 'CSU']
>>> s[:None]
['ABCD', 'Hello', 'Python', 'CSU']
>>> s[1:3]
['Hello', 'Python']
>>> s[-3:-1]
['Hello', 'Python']
>>> s[:0]                                    # 终点不可能超过起点
[]
```

（3）扩展切片操作。语法格式：

```
<序列>[[<开始下标>]:[<终止下标>]:<步长>]
```

其中，不指出<步长>，默认值为 1。例如：

```
>>> s = ['ABCD', 'Hello', 'Python', 'CSU']
>>> s[::-1]                                  # 翻转操作
['CSU', 'Python', 'Hello', 'ABCD']
>>> s[::1]
['ABCD', 'Hello', 'Python', 'CSU']
>>> s[::]
['ABCD', 'Hello', 'Python', 'CSU']
>>> s[::2]                                   # 隔一取一
['ABCD', 'Python']
```

6.1.3 序列相关的内置函数

序列相关的内置函数有类型转换函数和可操作函数。

1. 类型转换函数

序列相关的类型转换函数实际上是实现了序列内不同类型对象的转换。主要有三个函数：list()、str()、tuple()。其中，list()和 tuple()的参数可迭代对象就行。

类型转换函数会涉及引用、浅复制、深复制的概念。将在列表一节中讨论。

2. Python 系统为序列提供的函数

Python 系统为序列类型提供的内置函数包括：enumerate()、len()、max()、min()、reversed()、sorted()、sun()、zip()。

这两类内置函数在第 3 章中进行过介绍，具体用法会在介绍列表或元组的相关节中体现。

6.2 列　表

列表是序列类的数据类型。列表是一个能以序列形式保存任意数目的 Python 对象的数据类型。保存的 Python 对象称为列表的元素，元素可以是前面章节中出现过的标准类型数据对象，还可以是用户自己定义的对象。

列表是一个可变对象，可以称其为是一个容器。

一个列表中的元素可以是不同类型的 Python 对象。列表比 C/C++中的数组、Python

自己的数组类型（包含在 array 扩展包中）灵活，因为数组类型的所有元素的类型必须是一致的。列表可以实现的许多操作（如用 append()方法增加元素），数组是做不到的，数组的容量是不能变更的。

6.2.1 列表的基本操作

1. 创建列表

前面已经多次出现列表，但是如何创建列表还得在本小节介绍。

用方括号（[]）将一组 Python 对象括起来，Python 对象之间用逗号分隔。当然可以定义一个只有方括号的空表，还可以用函数创建列表。例如：

```
>>> list1 = ['ABCD', 'Hello', 'Python', 'CSU', 1, 2, 3]
>>> list2 = list('Python')
>>> print(list1)
['ABCD', 'Hello', 'Python', 'CSU', 1, 2, 3]
>>> list2
['P', 'y', 't', 'h', 'o', 'n']
>>> list3 = []
>>> list3
[]
```

上面的语句使用变量 list1、list2、list3 分别引用了三个列表。

如果有下面的语句：

```
>>> list1 = ['ABCD', 'Hello', 'Python', 'CSU', 1, 2, 3]
>>> list2 =list1
>>> list2 is list1
True
>>> id(list1)
51166792
>>> id(list2)
51166792
```

则 list1 和 list2 引用了同一个对象，所以会有 list1 与 list2 的比较操作为 True 的结果。它们的元素一样。

由于列表是一个可变对象，由引用同一对象产生的所谓第二个列表与原列表会相互影响。也就是说，当其中一个列表变化时，另一个列表会跟随变化。例如：

```
>>> list1 = ['ABCD', 'Hello', 'Python', 'CSU', 1, 2, 3]
>>> list2 = list1
>>> list2.append('A')
>>> list1
['ABCD', 'Hello', 'Python', 'CSU', 1, 2, 3, 'A']
>>> list1.append('B')
>>> list2
['ABCD', 'Hello', 'Python', 'CSU', 1, 2, 3, 'A', 'B']
```

2. 访问列表中的元素

访问列表中的元素是通过切片操作完成的，6.1 节已进行过介绍，此处不再赘述。

3. 列表中元素的更新

（1）指出一个索引值是更新索引值指出的位置的元素，索引值出界引发异常。例如：

```
>>> list1 = ['ABCD', 'Hello', 'Python', 'CSU', 1, 2, 3]
>>> list1[0]='AA'
>>> list1
['AA', 'Hello', 'Python', 'CSU', 1, 2, 3]
```

（2）指出一个索引范围，更新索引范围指出的所有元素。例如：

```
>>> list1 = ['ABCD', 'Hello', 'Python', 'CSU', 1, 2, 3]
>>> list1[0:4]=[1234]
>>> list1
[1234, 1, 2, 3]
```

（3）使用 append()方法追加一个对象到列表。例如：

```
>>> list1 = ['ABCD', 'Hello', 'Python', 'CSU', 1, 2, 3]
>>> list1.append('XYZ')
>>> list1
['ABCD', 'Hello', 'Python', 'CSU', 1, 2, 3, 'XYZ']
```

4. 删除

要删除列表中的元素，使用 del 语句删除知道确切索引号的元素，或使用 remove()方法。例如：

```
>>> list1 = ['ABCD', 'Hello', 'Python', 'CSU', 1, 2, 3]
>>> del list1[0]
>>> list1.remove('CSU')
>>> list1
['Hello', 'Python', 1, 2, 3]
```

还可以用 pop()方法删除指定位置上的元素，不指定位置时删除最后一个元素。pop()方法有返回值，是删除元素。例如：

```
>>> list1 = ['ABCD', 'Hello', 'Python', 'CSU', 1, 2, 3]
>>> list1.pop(0)
'ABCD'
```

还可以用 del 语句删除整个列表。其实，程序员没有必要这样做，因为列表出了作用域，系统将回收列表的空间。

6.2.2 列表可用的操作符

可对列表进行操作的操作符包括：系统提供的标准操作符和专为序列提供的操作符。

1. 标准操作符

6.1.2 节介绍了关于序列操作的七类操作，前三类属于标准操作，它们的操作符是标准操作符。最重要的是比较，列表的比较在 Python 2.X 中可使用内置函数 cmp()实施，比较原理是：逐个比较列表中的元素，直到一方元素胜出。但在 Python 3.X 中，已经抛弃了这个函数，只能使用关系运算符了。例如：

```
>>> list1 = ['ABCD', 'Hello', 'Python', 'CSU', 1, 2, 3]
>>> list2 = ['ABCD', 'Hello', 'Python', 'CSU']
```

```
>>> list1>list2
True
```

其他标准操作符的意义比较明确，此处不再赘述。

2. 专为序列提供的操作符

专为序列提供的操作符就是 6.1.2 节介绍的后四类操作所使用的操作符，即连接、重复、切片、in（not in）。

（1）连接操作符（+）。连接操作允许将多个列表连接起来。连接操作符两边的对象必须是同一类。例如：

```
>>> list1 = ['ABCD', 'Hello', 'Python', 'CSU']
>>> list2 =[1, 2, 3]
>>> list1+list2
['ABCD', 'Hello', 'Python', 'CSU', 1, 2, 3]
```

即使连接操作符两边的对象一个是列表，另一个是元组，也会引发异常。另外，不要试图用连接操作向列表中添加元素，添加元素使用 append()方法。

（2）重复操作符（*）。重复操作符主要用于字符串类型。列表和元组与字符串同属序列类型，它们可以使用这个操作符。例如：

```
>>> s = 'A'
>>> s * 20
'AAAAAAAAAAAAAAAAAAAA'
>>> list1
['ABCD', 'Hello', 'Python', 'CSU']
>>> list1*2
['ABCD', 'Hello', 'Python', 'CSU', 'ABCD', 'Hello', 'Python', 'CSU']
```

从 Python 2.0 开始，支持复合赋值运算：

```
>>> s = 'A'
>>> s *=10
>>> s
'AAAAAAAAAA'
```

（3）切片操作符（[]、[:]、[::]）。切片操作在 6.1.2 节以列表为例进行了介绍，可参阅 6.1.2 节。

（4）成员关系操作符（in, not in）。成员关系操作符用于检查一个对象是否是列表（元组）的成员。例如：

```
>>> list1 = ['ABCD', 'Hello', 'Python', 'CSU']
>>> list2 = [1, 2, 3]
>>> list1.append(list2)
>>> list1
['ABCD', 'Hello', 'Python', 'CSU', [1, 2, 3]]
>>> 'CSU' in list1
True
>>> 1 in list1
False
>>> 1 in list1[4]
True
```

6.2.3 列表可用的函数（方法）

列表可用的函数从概念上讲分三个层次和四个种类。其三个层次是：①标准内置函数，这类函数不是针对序列，更不是针对列表设计的，通常适应于所有对象，或者说通常适应于所有可用这个函数的对象；②序列类型内置函数，这类函数只适用于序列大类，当然可用于列表；③列表类型内置函数，这就不用解释了，仅用于列表的函数。每个层次的函数代表一个种类。

另外还有一种函数，实际上是列表这个类的方法。当我们还没有涉及面向对象编程时，可以把某个类的方法当作函数使用，它相当于列表类型的内置函数。只是使用方法有点不同：<对象>.<函数>。例如，本节前面出现的“list1.append(list2)”“list1.pop(0)”等。

1. 标准内置函数

在 Python 2.X 系统中，可用于列表的标准内置函数只有 cmp()。而在 Python 3.X 系统中已取消这个函数，也没有别的函数，只能使用比较操作。

2. 序列类型内置函数

可用于列表的序列类型内置函数有：len()、max()、min()、sorted()、reversed()、enumerate()、zip()、sum()、list()、tuple()。有些函数已经在前面介绍了，此处不再赘述。下面仅介绍用于列表有重要作用的函数。

（1）len()函数返回列表中元素的个数，容器内每个对象作为一项处理。

（2）max()和 min()函数用于只有字符串或数字的列表，非常有用，能找出列表中元素的最大者和最小者。例如：

```
>>> list1 = ['ABCD', 'Hello', 'Python', 'CSU']
>>> max(list1)
'Python'
>>> min(list1)
'ABCD'
```

（3）sorted()和 reversed()函数将原列表排序、反序。注意 reversed()函数返回一个迭代器。例如：

```
>>> list1 = ['ABCD', 'Hello', 'Python', 'CSU']
>>> sorted(list1)
['ABCD', 'CSU', 'Hello', 'Python']
>>> for i in reversed(list1):
...     print(i)
...
CSU
Python
Hello
ABCD
```

（4）enumerate()和 zip()函数都返回一个迭代器。enumerate()返回一个数据对的序列，数据对的第一个数据是索引值，第二个数据来自 enumerate()函数的参数对象。zip()返回有多个元素的元组序列，每个元组中的数据来自 zip()函数的每个参数对象。例如：

```
>>> list1 = ['ABCD', 'Hello', 'Python', 'CSU']
>>> list2 = [1,2,3,4,5]
>>> list3 = ['A','B','C','D','E','F']
>>> for i,j in enumerate(list1) :
...     print(i,j)
...
0 ABCD
1 Hello
2 Python
3 CSU
>>> for i,j,k in zip(list1,list2,list3):
...     print(i,j,k)
...
ABCD 1 A
Hello 2 B
Python 3 C
CSU 4 D
```

（5）sum()函数用元素是数字类型的列表，计算元素的和。例如：

```
>>> list2 = [1,2,3,4,5]
>>> sum(list2)
15
```

（6）list()和 tuple()函数用于列表和元组是很有用的。这两个函数接受可迭代对象作为参数，转换为列表或元组，最直接的应用是列表与元组相互转换。由于元组是不可变对象，有时需要改变元组的元素，这时可以先将元组转换为列表，修改元素后，再转回元组。例如：

```
>>> t = (1, 2, 3, 4)
>>> list1 = list(t)
>>> list1.append('Python')
>>> t = tuple(list1)
>>> t
(1, 2, 3, 4, 'Python')
```

3．列表类型的内置函数

列表类型本身没有内置函数，但有一个 range()函数（它的参数格式前面章节已经介绍过）专门用于返回类似列表的迭代器，它只能用于返回数字类型的迭代器。例如：

```
>>> list(range(10))
[0, 1, 2, 3, 4, 5, 6, 7, 8, 9]
```

4．常用列表类型的方法

通过标准内置函数 dir()可以显示某对象的所有方法和属性。例如：

```
>>> dir(list)                    # 或dir([])，或dir(list1)
['__add__', '__class__', '__contains__', '__delattr__', '__delitem__',
'__dir__', '__doc__', '__eq__', '__format__', '__ge__', '__getattribute__',
'__getitem__', '__gt__', '__hash__', '__iadd__', '__imul__', '__init__',
'__iter__', '__le__', '__len__', '__lt__', '__mul__', '__ne__', '__new__',
'__reduce__', '__reduce_ex__', '__repr__', '__reversed__', '__rmul__',
```

```
'__setattr__', '__setitem__', '__sizeof__', '__str__', '__subclasshook__',
'append', 'clear', 'copy', 'count', 'extend', 'index', 'insert', 'pop',
'remove', 'reverse', 'sort']
```

常用列表类型的方法如表 6-1 所示。

表 6-1　常用列表类型的方法

方 法 名	功 能
append(obj)	向列表中添加一个对象 obj
count(obj)	返回对象 obj 在列表中出现的次数
extend(seq)	把序列 seq 的内容添加到列表中
index(obj, i=0,j=len(list))	返回 list[k]=obj 的 k 值，并且 $i \leq k<j$，否则引发异常
insert(index, obj)	在索引值为 index 的位置插入对象 obj
pop(index=-1)	删除并返回指定位置的对象，默认值为-1，表示最后一个对象
remove(obj)	从列表中删除对象 obj
reverse()	翻转列表
sort()	排序列表

表 6-1 中的一些方法在前面章节中已经介绍或使用过，在这里不再赘述。先看看下面的一些简单语句实例。

```
>>> list1 = ['ABCD', 'Hello', 'Python', 'CSU']
>>> list2 = [1,2,3,4,5]
>>> list1.append('XYZ')          # 向列表 list1 增加'XYZ'对象
>>> list1.count('Python')        # 返回'Python'在 list1 中出现的次数
1
>>> list1.extend(list2)          # 将 list2 加到 list1 后面
>>> list1
['ABCD', 'Hello', 'Python', 'CSU', 'XYZ', 1, 2, 3, 4, 5]
>>> list1.remove('XYZ')          # 删除对象'XYZ'
>>> list1.pop()                  # 删除列表最后位置上的对象并返回
5
>>> list1
['ABCD', 'Hello', 'Python', 'CSU', 1, 2, 3, 4]
```

下面介绍上面代码段中还没有涉及的方法。

（1）insert()方法。insert()方法是向列表中插入一个对象，插入位置、插入对象均由参数指定。对象插入后，原位置上的对象将后移。例如：

```
>>> list1=['ABCD', 'Hello', 'Python', 'CSU', 1, 2, 3, 4]
>>> list1.insert(-1,'XYZ')
>>> list1
['ABCD', 'Hello', 'Python', 'CSU', 1, 2, 3, 'XYZ', 4]
```

从这些语句代码可以看出：insert()方法不可能将一个对象插入列表尾部。

（2）index()方法。只有当某一对象在列表中时，index()方法才返回索引值；当对象不在列表中时，将引发 ValueError 异常。如果要把这个方法直接写在程序代码中用于返回索引值，会因为发生异常使程序崩溃，一个好的写法是先判断对象是否在列表中，再使用 index()方法返回索引值。如下面的代码：

```
for i in list1:
    print(list1.index(i),i)
```

（3）sort()与 reverse()方法。sort()和 reverse()方法从功能上讲，前者是对列表排序，后者是原序的反排。

要注意 sort()方法的参数，它的一般格式如下：

```
sort(key=None, reverse=False)
```

列表中的元素是同类时才能排序，否则引发异常。一般格式中的参数值是默认值。如果指定 key 参数，则按指定方式比较各个元素。如果指定 reverse 参数为 True，则排序是降序。例如：

```
>>> list1 = ['abcd', 'Hello', 'Python', 'CSU', 'Xyz']
>>> list1.sort()
>>> list1
['CSU', 'Hello', 'Python', 'Xyz', 'abcd']
>>> list1.reverse()
>>> list1
['abcd', 'Xyz', 'Python', 'Hello', 'CSU']
```

sort()和 reverse()方法完成方法的功能，不返回结果（extend()方法也一样）。与针对序列操作的两个类似函数 sorted()和 reversed()（名字类似，功能相近）有区别。函数返回结果，针对列表操作时，sorted()函数返回列表，reversed()函数返回与列表相关的迭代器。

6.2.4 列表的应用

列表的容器特征和可变特征让列表用起来特别方便、灵活。作为列表的应用实例，本节先介绍用列表构建堆栈和队列这两种数据结构，然后给出两个应用程序设计的例子。

1. 堆栈

堆栈是一个后进先出（Last In First Out，LIFO）的数据结构。后进先出是指堆栈这个容器中的数据的工作原理，进入堆栈中的数据以线性方式排列，也就是按一条线的顺序排列，数据的进出只能一个一个地进行，最后进入堆栈的一个数据是最先出堆栈的，也就是最先进入堆栈的一个数据最后一个出堆栈。这就像一个只有单轨的火车站，火车开进站后，要再开出，只能退出。如果把火车的一节车厢当成一个个体对象看问题，我们就认为车厢在这种单轨火车站运行是后进先出。

例 6.1 用列表模拟堆栈。

这个程序用列表作为堆栈，实现字符串的进栈与出栈。程序代码如下：

```
# -*- coding: gb2312 -*-
# ex6-1 用列表模拟堆栈
stack = []
def push() :
    x = input("输入一个字符串: ").strip()
    stack.append(x)
    print("字符串: ", x, "入栈")

def pop() :
    if len(stack)==0 :
```

```
        print("不能从空栈弹出数据")
    else :
        print("字符串: ", stack.pop(), "已删除")

def checkstack() :
    print(stack)

dict = {'1': push, '2': pop, '3': checkstack}
def simu_stack() :
    ch = "输入您的选择: 1---push, 2---pop, 3---check, q---退出"
    while True :
        while True :
            try :
                choice = input(ch).strip()[0].lower()
            except (KeyboardInterrupt, IndexError) :
                choice ='q'
            print('\n您输入: [%s]' % choice)
            if choice not in '123q' :
                print("无效选项, 再试")
            else :
                break
        if choice == 'q' :
            break
        dict[choice]()

simu_stack()
```

程序运行结果如下（输入数据不同，结果不同）：

```
您输入: [1]
字符串:  ABCD 入栈
您输入: [1]
字符串:  Hello 入栈
您输入: [p]
无效选项, 再试
您输入: [1]
字符串:  Python 入栈
您输入: [1]
字符串:  CSU 入栈
您输入: [3]
['ABCD', 'Hello', 'Python', 'CSU']
您输入: [2]
字符串:  CSU 已删除
您输入: [3]
['ABCD', 'Hello', 'Python']
您输入: [q]
```

这个程序首先建立一个空堆栈 stack；第二步建立 push()函数，用于向堆栈 stack 中压入字符串；第三步建立 pop()函数，用于弹出堆栈 stack 中的栈顶字符串；第四步建立 checkstack()函数，显示栈中剩余的字符串；第五步建立字典 dict，实际上是建立一个索引，让后面的 simu_stack()函数根据用户输入的数字字符选择调用 push()、pop()、checkstack()函数；第六步建立 simu_stack()函数，它的功能是：监视、调度程序（函数），根据用户输入的数字选择调用 push()、pop()、checkstack()函数之一；最后一步是调用语句 simu_stack()。

程序中有两个知识点尚未涉及，一是字典，二是异常捕捉语句。这会在后续章节补上。此处，给予简单介绍。字典 dict 让 1、2、3 三个数字分别对应三个函数 push()、pop()、checkstack()，供 simu_stack()函数选择要调用的函数。simu_stack()函数中异常捕捉语句 try...except 监控语句“choice = input(ch).strip()[0].lower()”，当在用于输入数字的 input()函数对话框直接单击（不输入数字）“OK”按钮，或直接单击“Cancel”按钮，将产生 IndexError 或 KeyboardInterrupt 异常，这要在程序中处理，都视为输入字符 q。

内层 while 语句负责控制用户输入的字符是否为 1、2、3、q 之一：是，退出内层 while 语句；否，继续等待用户输入。外层 while 语句则根据内层 while 语句的退出结果（输入的字符是 1、2、3、q 之一）选择性地调用 push()、pop()、checkstack()函数之一，或退出程序。

2．队列

队列是一个先进先出（First In First Out，FIFO）的数据结构。先进先出是指进入队列中的数据以线性方式排列，数据的进出只能一个一个地进行，最先进入队列的一个数据是最先出队列的。这就像我们在公共环境排队办事一样，先来排队的人先办事。进入队列的数据被加入到队列的末尾，出队的数据从队列的头部删除。

例 6.2 用列表模拟队列。

这个程序是在例 6.1 用列表模拟堆栈的基础上改造而成的，与例 6.1 的程序代码极为相似。程序代码如下：

```
# -*- coding: gb2312 -*-
# ex6-2 用列表模拟队列
queue = []
def en_queue() :
    x = input("输入一个字符串: ").strip()
    queue.append(x)
    print("字符串: ", x, "进队")

def out_queue() :
    if len(queue)==0 :
        print("不能从空队列中移出数据")
    else :
        print("字符串: ", queue.pop(0), "已移出")

def check_queue() :
    print(queue)

dict = {'1': en_queue, '2': out_queue, '3': check_queue}
def simu_queue() :
    ch = "输入您的选择: 1---进队, 2---出队, 3---检查队列, q---退出"
    while True :
        while True :
            try :
                choice = input(ch).strip()[0].lower()
            except (KeyboardInterrupt, IndexError) :
                choice ='q'
            print('\n您输入: [%s]' % choice)
```

```
            if choice not in '123q' :
                print("无效选项，再试")
            else :
                break
        if choice == 'q' :
            break
        dict[choice]()

simu_queue()
```

程序运行结果如下（输入数据不同，结果不同）：

```
您输入：[1]
字符串： ABCD 进队
您输入：[1]
字符串： Hello 进队
您输入：[1]
字符串： Python 进队
您输入：[1]
字符串： CSU 进队
您输入：[1]
字符串： 1234567 进队
您输入：[3]
['ABCD', 'Hello', 'Python', 'CSU', '1234567']
您输入：[2]
字符串： ABCD 已移出
您输入：[2]
字符串： Hello 已移出
您输入：[3]
['Python', 'CSU', '1234567']
您输入：[q]
```

程序在例 6.1 的基础上只改变了函数名，改列表名 stack 为 queue，在 out_queue() 函数中，用“queue.pop(0)”表示删除队列的队头数据。

3. 用列表实现杨辉三角形

杨辉三角形又称贾宪三角形、帕斯卡三角形，是二项式系数在三角形中的一种几何排列。它的排列形状如图 6-2 所示，它的第 0 层只有一个数据，第 1 层有两个数据，从第 2 层开始，比上层多一个数据，每个数据是上层左上角和右上角的两个数据之和，如果左上角或者右上角没有数字，就按 0 计算。如果知道第 *N*-1 层数据，就可以计算出第 *N* 层数据。

0									1								
1								1		1							
2							1		2		1						
3						1		3		3		1					
4					1		4		6		4		1				
5				1		5		10		10		5		1			
6			1		6		15		20		15		6		1		
7		1		7		21		35		35		21		7		1	
8	1		8		28		56		70		56		28		8		1

图 6-2 杨辉三角形排列形状

如果用列表表示第 N 层数据，下面的例 6.3 很方便地计算出杨辉三角形第 N 层数据。

例 6.3 计算杨辉三角形的第 N 层数据。

程序代码如下：

```
# -*- coding: gb2312 -*-
# ex6-3 计算杨辉三角形的第 N 层数据
y=[1,1]
n=eval(input('n:'))
for j in range(2,n+1):
    y=[sum(i) for i in zip([0]+y, y+[0])]

print(y)
```

当输入层数为 8 时，程序运行结果是：

```
[1, 8, 28, 56, 70, 56, 28, 8, 1]
```

4．用列表保存数据，实现数据排序

Python 语言的列表相当于其他语言的数组，如果用列表保存数据，列表中的数据可以排序。其实，列表有一个排序的方法 sort()。

数据排序是程序语言的经典程序，排序的算法很多。笔者的意思是通过列表的索引实现一个简单算法的排序。

例 6.4 用列表实现数据排序。

程序代码如下：

```
# -*- coding: gb2312 -*-
# ex6-4 用列表实现数据排序
x = [1, 8, 28, 56, 70, 56, 28, 8, 1]
i = 0
while i<9-1 :
    j = i+1
    while j<9 :
        if x[i]>x[j] :
            x[i],x[j]=x[j],x[i]
        j = j+1
    i = i+1
print(x)
```

程序运行结果如下：

```
[1, 1, 8, 8, 28, 28, 56, 56, 70]
```

6.3 元　　组

元组也是序列类的容器，它与列表非常相似，但它们是有区别的。从形式上讲，元组使用圆括号将其元素括起来，列表使用的是方括号；从功能上区别，元组是不可变对象，列表是可变对象。正是元组的不可变性，使元组能做列表不能完成的事情。例如，元组可作为字典的键。又如，处理一组对象时，这组对象被默认为是元组类型，函数返回一组值时默认返回一个元组。

因为元组与列表非常相似，用在列表上的所有操作几乎可以不变地用在元组上。所以，在这一节，只介绍元组与列表有区别的内容。

6.3.1 元组的定义与操作

1. 创建元组

创建元组与创建列表一样，只是使用圆括号而已。但创建只有一个元素的元组时，为了区别，要在元素后面加上一个逗号。例如：

```
>>> t = (123,)          # 创建元组对象
>>> type(t)
<class 'tuple'>
>>> t1 = (123)          # 创建整数对象
>>> type(t1)
<class 'int'>
```

当然，还可以用 tuple()函数创建元组。

2. 访问元组的元素

访问元组的元素也是通过切片操作实施的，操作与列表一样。例如：

```
>>> t= ('ABCD', 'Hello', 'Python', 'CSU')
>>> t[0]                     # 引用元组的元素也用方括号
'ABCD'
```

3. 不能更新、删除元组的元素，但可以重新引用

元组的元素虽然不能更新、删除，但可以重新引用。例如：

```
>>> t= ('ABCD', 'Hello', 'Python', 'CSU')
>>> t = t + t[-2:-1]
>>> t
('ABCD', 'Hello', 'Python', 'CSU', 'Python')
```

上面的语句虽然让元组的元素变化了，但不是更新，而是让变量 t 重新引用了另一个新的元组。

可以用 del 语句删除整个元组。

4. 其他操作

关于元组的连接操作、重复操作、成员关系操作、关系操作（比较操作、逻辑操作）、使用标准内置函数操作、使用序列内置函数操作、使用元组专用内置函数或方法操作，其做法与列表相同。只有一点，有改变元组元素企图的操作是不行的，或函数、方法不存在。例如，元组中仅有 count()和 index()两个方法。

6.3.2 元组的特殊性质及作用

1. 元组的不可变性带来的好处

凡事都有正反两个方面，虽然元组的元素不可变，但编写程序时，可以利用这个不可变性。编写程序时，为了保证一组数据不被修改，那么，这组数据就要用元组保存。

如果一定要改变元组的元素，可先将元组转换为列表，完成改变需求后，再转回元组，这也是一个解决问题的办法。

2．元组中的可变元素是可变的

如果元组中的元素是可变对象，那么是可以改变这样的可变元素的，从某种意义上讲，这也改变了元组。例如：

```
>>> t = ('ABCD', 'Hello', 'Python', 'CSU', [1,2,3,4])
>>> t[4][0]='XYZ'
>>> t
('ABCD', 'Hello', 'Python', 'CSU', ['XYZ', 2, 3, 4])
```

3．未明确定义的一组对象是元组

对于一组数据，如果没有明确定义它是列表还是元组时，Python 系统默认为元组。例如：

```
>>> 123, 2>=1, "Python"
(123, True, 'Python')
```

另外，函数返回一组值时，默认为元组。

4．元组可以作为字典的关键字

元组可以作为字典的关键字是元组的不可变性决定的，我们还没有涉及字典，待下章介绍字典时一并介绍。

6.4 Python 对象的浅复制与深复制

本节就 Python 对象的引用、浅复制与深复制三个操作进行讨论。

1．Python 对象的引用

前面已经讲过，对象赋值是最简单的对象引用。也就是说 ，当你创建一个对象后，并把它赋给一个变量，这就建立了变量对对象的引用；如果再将变量赋给另一个变量，这就建立了第二个变量的新引用。两个变量共享引用同一个对象。

在程序中有赋值语句 b=a，就会建立变量 b 的新引用。如果对象是不可变的，则这种赋值实际上是创建 b 的一个副本。如果对象是可变的，这种新引用会引发变量 a 和 b 之间的关联。例如：

```
>>> a = [1, 2, 3, 4]
>>> b = a
>>> b is a
True
>>> b[3] = 5
>>> b
[1, 2, 3, 5]
>>> a
[1, 2, 3, 5]
>>> a[0] = 100
>>> a
[100, 2, 3, 5]
>>> b
[100, 2, 3, 5]
```

如果把赋值理解为复制，引用则是最低级的复制。对象的元素不受保护。也就是引用只引用对象本身，不包括对象的元素。

2. 浅复制

对于列表和字典这样的可变容器对象,可以实现两种复制操作:浅复制和深复制。浅复制会创建一个新的对象,包含对原始对象中包含的元素有引用。浅复制通过切片、函数、方法操作实现。例如：

```
>>> a = [1, 2, [3, 4]]
>>> a = [1, 2, [3, 4]]
>>> b = a                          # 引用，不是浅复制
>>> c = list(a)                    # 浅复制
>>> d = a[:]                       # 浅复制
>>> b is a
True
>>> c is a
False
>>> d is a
False
```

由于 c 和 d 是新对象，所以 a、c、d 的元素变化不影响其他对象。例如：

```
>>> d.append(100)                  # d 变化
>>> c[0] = 700                     # c 变化
>>> c
[700, 2, [3, 4]]
>>> d
[1, 2, [3, 4], 100]
>>> a                              # a 没有变化
[1, 2, [3, 4]]
```

但是，某个对象的二级元素（元素的元素）变化是会影响其他对象的。例如：

```
>>> a[2][0] = 777                  # a 变化
>>> a
[1, 2, [777, 4]]
>>> c                              # c 跟随变化
[700, 2, [777, 4]]
>>> d                              # d 跟随变化
[1, 2, [777, 4], 100]
```

这说明：浅复制保护了对象及其元素，但不保护对象的二级、二级以下的元素，也就是说，浅复制新建了对象及元素，并不保护对象的二级、二级以下的元素。

3. 深复制

深复制是为了避免浅复制不保护对象的二级、二级以下的元素的情况，深复制没有内置的操作手段，借助于标准库中 copy 模块的 deepcopy()函数实现。例如：

```
>>> from copy import *
>>> a = [1, 2, [3, 4]]
>>> b = deepcopy(a)
>>> b[2][1] = 'deepcopy'
>>> b
[1, 2, [3, 'deepcopy']]
>>> a
[1, 2, [3, 4]]
```

小 结

本章重点介绍了列表和元组。它们都是序列对象，列表是可变对象，元组是不可变对象。列表和元组的运用给程序设计语言带来了生机，大量的数据结构都可以用它们实现。所以说 Python 语言才是具有丰富数据结构的程序语言，这也是 Python 语言的重要特点之一。

对象引用、浅复制、深复制三个概念对于运用列表进行程序设计是非常重要的，这三个概念实际上是三种复制，每种复制对列表操作会带来不同的影响，理解好这三个概念，有助于实现列表操作。

习 题

一、判断题

1. 针对列表操作，函数 sorted()和方法 sort()功能完全相同。 ( )

2. 针对序列对象，可以使用索引和切片操作，当索引值出界时，将引发异常（错误）。 ( )

3. 元组与列表一样，都包括多个成员对象，只是分别使用方、圆括号。 ( )

4. 如果元组的成员对象中有列表，元组也是不可变的。 ( )

5. 引用、浅复制与深复制的区别是：引用会影响共享对象；浅复制保护一级成员对象，不保护二级成员对象；深复制保护所有级别的成员对象。 ( )

二、编程题

1. 用列表保存数据，采用冒泡排序算法对列表中的数据进行排序。

2. 找出 10 000 以内的质数，每找出一个质数，将它保存在列表中。

第7章

字典与集合

本章介绍字典和集合两种对象类型。字典是可变对象，集合包含可变对象集合和不可变对象集合。

7.1 字　典

字典是键值对的无序集合。所谓键值对（又称条目或元素）是指字典中的每个元素由键和值（又称数据项）两部分组成，键是关键字，值是与关键字有关的数据。通过键可以找到与其有关的值，反过来不行，不能通过值找键。看来，字典就是一个哈希表（或称散列表），字典中某个元素的值完全由对应的键通过一个哈希算法得到。向字典中添加一个元素，就是向字典添加一个键，同时必须向字典添加一个与键相关的值。

在 Python 系统中，字典的定义是：在一对花括号（{、}）之间添加 0 个或多个元素，元素之间用逗号分隔；元素是键值对，键与值之间用冒号分隔；键必须是不可变对象，键在字典中必须是唯一的，值可以是不可变对象或可变对象。

再谈谈作为键的两个条件：①键必须是不可变对象。这是说键必须是可哈希的，也就是说键是用来通过哈希函数计算出对应值的存储位置，如果键是可变对象且键变化了，就找不到值了。在字典中，通常用数字对象和字符串对象作为键，并将整数对象和浮点数对象作为同一个键，如整数 1 和浮点数 1.0 是同一个键。元组是不可变对象，原则上是可以作键使用，但要求元组的元素是数字或字符串。②键在字典中必须是唯一的。这一点是显而易见的，如果在一个字典中有同名的两个键，这就是哈希表中有冲突，对应同名键的两个值如何取？如果允许同名键存在，将花费大量的时间和空间解决冲突，所以，Python 系统限制了这种冲突。

7.1.1　字典的基本操作

1. 字典的创建

创建字典有如下几种方法：

（1）直接键入。

```
>>> d1 = {}                              # 空字典
>>> d2 = {'A': 65, 'B':66, 'C': 67, 'A': "Hello"}
>>> d2
{'C': 67, 'B': 66, 'A': 'Hello'}
```

```
>>> d3 = {'A': 65, 'B':66, 'C': 67, 1: 100, 1.0: 800}
>>> d3
{1: 800, 'C': 67, 'B': 66, 'A': 65}
```

在字典 d2 中，写入了两个键都是'A'的键，系统将用后一个键值对取代前一个，以保证键的唯一性。而在字典 d3 中，写入了 1 和 1.0 两个键，由于系统视 1 和 1.0 为同一个键，所以，系统用后一个键值对代替了前一个。

（2）用 dict()函数创建字典。

```
>>> dict((['x', 1], ['y', 2], ['z', 3]))
{'z': 3, 'y': 2, 'x': 1}
```

上面的代码是用一个元组表示 dict()函数的参数，元组内的元素是一个用列表表示键值对。关于 dict()函数的用法将在后面介绍。

（3）用 fromkeys()方法创建字典。fromkeys()方法用来创建一个具有相同值的字典，值在 fromkeys()方法中以参数形式指定，不指定值，字典的每个元素的值都是 None；键也在 fromkeys()方法中以参数形式指定。例如：

```
>>> {}.fromkeys(['x','y','z'], 0)      # 指定值为 0
{'z': 0, 'y': 0, 'x': 0}
>>> {}.fromkeys(['x','y','z'])         # 不指定值
{'z': None, 'y': None, 'x': None}
```

2．访问字典的键和值

最简单、直接的访问方法是使用如下格式：

```
<字典>[<键>]
```

例如：

```
>>> d = {'A': 65, 'B':66, 'C': 67, 1: 100}
>>> d['A']
65
>>> d[1]
100
>>> d['D']                              # 访问一个不存在的键
Traceback (most recent call last):
  File "<interactive input>", line 1, in <module>
KeyError: 'D'
```

比较好的访问方法是使用 keys()方法或迭代器。例如：

```
>>> d = {'A': 65, 'B':66, 'C': 67, 1: 100}
>>> for key in d.keys() :              # keys()方法
...     print(key, d[key] , end='\t')
...
1 100       C 67        B 66        A 65

>>> for key in d :                     # 迭代器
...     print(key, d[key] , end='\t')
...
1 100       C 67        B 66        A 65
```

3. 更新字典

更新字典操作包括：修改键值对的数据项、添加一个键值对、删除一个键值对、删除所有键值对、删除指定键的键值对、删除整个字典。例如：

```
>>> d = {'A': 65, 'B':66, 'C': 67, 1: 100}
>>> d['A'] = 'Test'                         # 修改'A'的数据项
>>> d['D'] = 68                             # 增加一个键值对
>>> d
{1: 100, 'D': 68, 'C': 67, 'B': 66, 'A': 'Test'}
>>> del d['A']                              # 删除键为'A'的键值对
>>> del d.clear()                           # 删除所有键值对
>>> del d                                   # 删除字典本身
```

7.1.2 字典可用的操作符

字典可用的操作符有：标准类型操作符和字典类型专用操作符。特别强调，字典不支持连接和重复操作。

1. 标准类型操作符

在 Python 2.X 系统中，字典支持三类标准类型操作符：比较、逻辑操作和身份检查操作。但在 Python 3.X 系统中，已经不支持比较操作了，Python 3.X 认为字典是不可排序的对象，比较没有意义了。例如：

```
>>> d = {'A': 65, 'B':66, 'C': 67, 1: 100}
>>> d2 = {'A': 65, 'B':66, 'C': 88}
>>> d3 = d2
>>> d3 is d2
True
```

对于逻辑操作，not 操作是测试字典是否为空。

```
>>> not d
False
>>> d4 ={}
>>> not d4
True
```

and 操作返回键相同的键值对组成的字典，如果键相同而值不同，值取大者。例如：

```
>>> d and d2
{'A': 65, 'B': 66, 'C': 88}                 # 键'C'的值取大值 88
```

or 操作返回两字典所有键值对组成的字典，键相同时，值取小者。例如：

```
>>> d or d2
{'A': 65, 'B': 66, 'C': 67, 1: 100}
```

2. 字典类型专用操作符

字典类型专用操作符就是 in 和 not in。用来检查键是否在字典中，不能检查值。可以单独检查某个键，也可以通过 for 语句利用 keys()方法或迭代器遍历所有键。例如：

```
>>> d = {'A': 65, 'B':66, 'C': 67, 1: 100}
>>> 'A' in d
True
```

关于通过 for 语句利用 keys()方法或迭代器遍历所有键,已经在 7.1.1 节中介绍了。

7.1.3 字典可用的函数与方法

字典可用的函数与方法可分为：标准类型的内置函数、字典类型专用函数、字典类型专用方法。

1. 标准类型的内置函数

这类函数少，只有 type()和 str()两个函数。type()函数返回字典的类型，str()函数返回字典的字符串表示形式。这很容易理解。例如：

```
>>> d = {'A': 65, 'B':66, 'C': 67, 1: 100}
>>> type(d)
<class 'dict'>
>>> str(d)
"{'A': 65, 'B': 66, 'C': 67, 1: 100}"
```

2. 字典类型专用函数

字典类型专用函数有：dict()、len()和 hash()函数。

（1）dict()函数。dict()函数用来创建字典。不指出函数的参数，创建空字典。

如果有参数，分三种情况。

一是参数可以是一个可迭代的容器，即序列、迭代器或一个支持迭代的对象。每个可迭代的元素必须是键值对，即第一个值是字典的键，第二个值是字典的值。例如：

```
>>> s = ['a', 'b', 'c', 'd']
>>> dict((s[i],i) for i in range(4))
{'a': 0, 'b': 1, 'c': 2, 'd': 3}
>>> dict([j,i] for i,j in enumerate(s))
{'a': 0, 'b': 1, 'c': 2, 'd': 3}
>>> dict(zip(s,(1,2,3,4)))
{'a': 1, 'b': 2, 'c': 3, 'd': 4}
>>> dict([['a',1],['b',2],['c',3],['d',4]])
{'a': 1, 'b': 2, 'c': 3, 'd': 4}
```

另外一种情况是：参数为映射对象之一的字典。这种调用会从参数（字典）复制内容生成一个新的字典，新字典相当于参数字典的浅复制，这种方法与字典的 copy()方法一样，但后者的生成速度快。例如：

```
>>> d = {'A': 65, 'B':66, 'C': 67, 1: 100}
>>> d2 = d
>>> d2 is d
True
>>> d3 =dict(d)
>>> d3 is d
False
>>> d[1]=500
>>> d
{1: 500, 'A': 65, 'C': 67, 'B': 66}
>>> d2                                          # d2 跟随 d 变化
```

```
{1: 500, 'A': 65, 'C': 67, 'B': 66}
>>> d3                                                  # d3 不变化，浅复制
{1: 100, 'A': 65, 'C': 67, 'B': 66}
```

但：

```
>>> d = {'A':65, 'B':[1,2,3]}
>>> d2 = dict(d)
>>> d['B'][2] = 100
>>> d
{'A': 65, 'B': [1, 2, 100]}
>>> d2                          # 浅复制不保护对象的二级、二级以下的元素
{'A': 65, 'B': [1, 2, 100]}
```

第三种情况是：参数为“键=值”形式的列表，这种情况虽然像第一种情况的序列，但表现形式上没方括号或圆括号。例如：

```
>>> d = dict(A=65, B=66, C=67, D=68)
>>> d2 = dict(**d)
>>> d2
{'D': 68, 'A': 65, 'C': 67, 'B': 66}
>>> d3 = d.copy()
>>> d3
{'D': 68, 'A': 65, 'C': 67, 'B': 66}
```

（2）len()函数。len()函数返回键值对的数目。也可以用在序列、集合对象上。

```
>>> d = {'A': 65, 'B':66, 'C': 67, 1: 100}
>>> len(d)
4
```

（3）hash()函数。hash()函数用来判断一个对象是否可以作为字典的键。可以的话，hash()函数返回一个整数值（哈希值）；不可以的话，会返回异常。如果两个对象有相同的值，那么它们的返回值相同，而且用它们作为字典的键时，只取其值作为键，只有一个键对。例如：

```
>>> a = b = 'A'                         # a、b 值相同
>>> hash(a)                             # 返回相同哈希值
-4796278857625687428
>>> hash(b)                             # 返回相同哈希值
-4796278857625687428
>>> d = {a:5,b:6}
>>> d                                   # 只有一个键值对，值取后一次给值
{'A': 6}
>>> hash(d)                             # 字典 d 不能再做键了
Traceback (most recent call last):
  File "<interactive input>", line 1, in <module>
TypeError: unhashable type: 'dict'
```

3. 字典类型专用方法

Python 提供了大量的字典类型专用方法，各方法及功能如表 7-1 所示。

表 7-1 字典类型专用方法

方 法 名	功 能
clear()	删除字典中的所有元素
copy()	返回字典的一个浅复制副本
fromkeys(<序列>, val)	创建并返回一个新字典，以<序列>中元素作键，val 指定值，不指定 val，默认为 None
get(<键>, d)	<键>在字典中，返回<键>对应的值，不在，返回 d 或没有返回
items()	返回一个包含字典中键值对元组的列表
keys()	返回一个包含字典中键的列表
pop(<键>[, d])	<键>在字典中，删除并返回<键>对应的键值对。不在，有 d 时，返回 d；无 d 时，引发异常
popitem()	删除并返回一个键值对的元组，字典空时，返回异常
setdefault(<键>, d)	对在字典中的键，返回对应的值，参数 d 设置无效；不在字典中的键，设置键和值，返回设置的值，d 默认为 None
update(<字典>)	把<字典>的键值对添加到方法绑定的字典
values()	返回一个包含字典中值的列表

下面介绍表 7-1 中的方法。

（1）clear()、copy()、items()、keys()和 values()方法。这 5 种方法功能意义明确、形式简单。举例说明如下：

```
>>> d = {'A': 65, 'B':66, 'C': 67, 'D': 68}
>>> d.items()
dict_items([('D', 68), ('B', 66), ('C', 67), ('A', 65)])
>>> d.keys()
dict_keys(['D', 'B', 'C', 'A'])
>>> d.values()
dict_values([68, 66, 67, 65])
>>> d2 = d.copy()
>>> d2
{'D': 68, 'B': 66, 'C': 67, 'A': 65}
>>> d2.clear()
>>> d2
{}
```

从 d.items()、d.keys()和 d.values()的返回结果看，不是直接的表，而是一种可迭代的形式。

（2）fromkeys()方法。fromkeys()方法创建并返回一个新字典，参数是<序列>和 val，新创建的字典以<序列>中的元素作为键，val 指定的值作数据项（即值），不指定 val，默认为 None。fromkeys()方法创建的字典实际上是一个具有相同值的字典。例如：

```
>>> d2.fromkeys('csu.1 ycx', 0xff)
{'u': 255, 'c': 255, ' ': 255, '1': 255, '.': 255, 'y': 255, 'x': 255,
's': 255}
```

（3）get()方法。get()方法返回参数<键>对应的值，只要<键>在字典中，指定参数 d

无意义；如果<键>不在字典中，返回由参数 d 指定的值，或没有返回值（不指定参数 d）。

```
>>> d = {'A': 65, 'B':66, 'C': 67, 'D': 68}
>>> d.get('A',100)
65
>>> d.get('X',100)
100
>>> d.get('X')                          # 没有返回值
```

（4）pop()和 popitem()方法。当<键>在字典中时，pop()方法删除并返回<键>对应的键值对。当<键>不在字典中时，有参数 d 时，返回参数 d；无参数 d 时，引发异常。

```
>>> d = {'A': 65, 'B':66, 'C': 67, 'D': 68}
>>> d.pop('A')
65
>>> d
{'D': 68, 'B': 66, 'C': 67}
>>> d.pop('X',100)
100
>>> d,pop('X')
Traceback (most recent call last):
  File "<interactive input>", line 1, in <module>
NameError: name 'pop' is not defined
```

popitem()方法简单，从字典中删除一个键值对，并返回这个键值对的元组；字典为空时，返回异常。请注意：删除是随机的。

（5）setdefault()方法。对在字典中的键，setdefault()方法返回对应的值，参数 d 设置无效；对不在字典中的键，设置键和值，返回设置的值，参数 d 默认为 None。这个方法相当于对字典添加键值对（增加新元素）；同时，当键在字典中，这个方法相当于 get()方法。例如：

```
>>> d = {'A': 65, 'B':66, 'C': 67, 'D': 68}
>>> d.setdefault('A')
65
>>> d.setdefault('X',100)
100
>>> d
{'D': 68, 'B': 66, 'C': 67, 'X': 100, 'A': 65}
```

（6）update()方法。update()方法是一个更新字典的方法，其实是增加键值对，将参数中指出的字典中的键值对加到绑定方法的字典中，如果有同名键，其值来自参数字典。表 7-1 列出的 update()方法是简单用法，比较复杂的格式如下：

```
update([E, ]**F)
```

其中，E 和 F 都是字典，这种格式来自 Python 的帮助文件，笔者认为应该为下面的形式：

```
update(E[,**F])
```

上面的任何一种形式都可能有两个参数，若直接写成“update(E,F)”，系统提示错误，即“只能允许一个参数，用户提供了两个参数。”但又可写成“update(E,**F)”，这不是两个参数吗？只能解释为系统提示信息有误。

形式“**F”在dict()函数中出现过，是指F（字典）来自dict()函数，而dict()函数的参数是“键=值”形式的列表。“键=值”形式的这种写法中，键是标识符，还不能有单、双引号。

总结一下：无论F来自dict()函数创建，还是用其他办法创建，F总是字典。在update()方法中，参数是一个字典时，形式可以是直接写字典或“**字典”；参数是两个字典时，前一个直接写字典，后一个是“**字典”形式。

例如：

```
>>> d = {'A': 65, 'B':66, 'C': 67, 'D': 68}
>>> e = {'F': 70, 'E': 69, 'A': -1}
>>> f = {'G': 71, 'B': -2}
>>> d.update(e)                              # 只有一个参数
>>> d
{'F': 70, 'D': 68, 'E': 69, 'B': 66, 'C': 67, 'A': -1}
```

这时，字典d加进了'E'、'F'两个键，更改了键'A'对应的值。再让字典d保持原值，看看下面的示例：

```
>>> d = {'A': 65, 'B':66, 'C': 67, 'D': 68}
>>> d.update(e,**f)
>>> d
{'F': 70, 'G': 71, 'D': 68, 'E': 69, 'B': -2, 'C': 67, 'A': -1}
```

这时，字典d加进了'E'、'F'、'G'三个键，更改了键'A'、'B'对应的值。再让字典d保持原值，看看下面的示例：

```
>>> d = {'A': 65, 'B':66, 'C': 67, 'D': 68}
>>> d.update(X=-88,Y=-99,Z=-100)        # 参数直接写“键=值”的列表
>>> d
{'D': 68, 'B': 66, 'C': 67, 'A': 65, 'Z': -100, 'X': -88, 'Y': -99}
```

看来，update()方法的参数还有第三种形式，如上面的代码段，参数是“键=值”的列表，参数个数不限，但不能超出系统限制。

7.2 集　合

数学上，集合（Set）是一组无序的、互异的、确定的对象（成员）汇总成的集体。这些对象称为该集合的元素（Set Elements）。Python语言将数学上的集合概念原封不动地引入到了它的集合类型里。

在Python语言中，集合类型有两种：可变集合（Set）和不可变集合（Frozenset）。可变集合的元素（成员）是可以添加、删除的，而不可变集合的元素是不可这样做的。可变集合是不可哈希的，不可以作为字典的键或其他集合的元素。不可变集合是可哈希的，可以作为字典的键或其他集合的元素。

两种集合类型是Python语言的基本数据类型。用户可以直接使用。

在Python语言中，可变集合的形式是：一对花括号内有多个元素，元素之间用逗号分隔，没有“{}”形式，“{}”形式是字典，空集以“set()”的集合对象形式表

达。不可变集合的形式是：以不可变集合对象形式表现，以示区别于可变集合。具体形式如下：

```
frozenset({<元素 1>, <元素 2>, ..., <元素 n>})
```

空集形式是“frozenset()”或“frozenset({})”。

集合（以后说集合，如果不特指，是指包含两种集合类型）类型是容器类型，它支持集合关系测试、成员检查、集合大小、并交集、子集、超集等操作。表 7-2 给出了集合类型的基本操作符及功能。

表 7-2　集合类型的基本操作符及功能

<table>
<tr><th>Python 操作符</th><th>对应数学符号</th><th>功　　能</th></tr>
<tr><td>in</td><td>$\in$</td><td>判断某对象是集合的成员</td></tr>
<tr><td>not in</td><td>$\notin$</td><td>判断某对象不是集合的成员</td></tr>
<tr><td>==</td><td>=</td><td>相等</td></tr>
<tr><td>!=</td><td>$\neq$</td><td>不等</td></tr>
<tr><td><</td><td>$\subset$</td><td>判断某集合是另一个集合的严格子集</td></tr>
<tr><td><=</td><td>$\subseteq$</td><td>判断某集合是另一个集合的子集</td></tr>
<tr><td>></td><td>$\supset$</td><td>判断某集合是另一个集合的严格超集</td></tr>
<tr><td>>=</td><td>$\supseteq$</td><td>判断某集合是另一个集合的超集</td></tr>
<tr><td>&</td><td>$\cap$</td><td>交集</td></tr>
<tr><td>|</td><td>$\cup$</td><td>并集</td></tr>
<tr><td>-</td><td>- 或 \</td><td>相对补集或差补</td></tr>
<tr><td>^</td><td>$\triangle$</td><td>对称差分</td></tr>
</table>

7.2.1　集合的基本操作

集合的基本操作包括创建集合、集合赋值、访问集合中的元素、集合的更新等。

1. 创建集合及对集合赋值

创建集合可使用 set()和 frozenset()函数，这两个函数分别用于创建可变集合和不可变集合。它们的参数形式一样，没有参数时，创建相应的空集（严格地说是空的集合对象，不是{}，{}是空字典）；有参数时，参数为可迭代对象，当然可以直接写入集合元素。有参数的情形就是给集合赋值。例如：

```
>>> s = set()                    # 空集
>>> s
set()
>>> type(s)
<class 'set'>

>>> s = {1,2,3}                  # 直接写入集合元素
>>> type(s)
<class 'set'>

>>> set(["ABC",'XYZ','xyz','123','1',1,1.0])
{1, 'ABC', 'XYZ', 'xyz', '1', '123'}
```

```
>>> set(i for i in range(10))
{0, 1, 2, 3, 4, 5, 6, 7, 8, 9}
>>> frozenset("Python 3.3.3")
frozenset({'n', 'o', 'h', ' ', '.', 'y', 't', 'P', '3'})
>>> s= dict((i,0) for i in {1, 'ABC', 'XYZ', 'xyz', '1', '123'})
>>> s
{1: 0, 'xyz': 0, '123': 0, 'XYZ': 0, '1': 0, 'ABC': 0}
>>> s= dict((i,0) for i in frozenset({'n', 'o', 'h', ' ', '.', 'y', 't',
'P', '3'}))
>>> s
{'.': 0, 'o': 0, 'h': 0, 'y': 0, 't': 0, 'P': 0, ' ': 0, 'n': 0, '3': 0}
```

从上面的例子看出，集合可以用列表、字符串、元组、甚至迭代器等作为参数创建，两种集合的元素都可以作为字典的键。

2. 访问集合中的元素

访问集合中的元素是指检查元素是否是集合中的成员或通过遍历方法显示集合内的成员。例如：

```
>>> s = set(['A', 'B', 'C', 'D'])
>>> 'A' in s
True
>>> 'a' not in s
True
>>> for i in s :
...     print(i, end='\t')
...
D   A   B   C
```

3. 集合的更新

集合的更新包括增加、修改、删除集合的元素等。可以使用操作符或集合的内置方法实现集合的更新动作。例如：

```
>>> s = set(['A', 'B', 'C', 'D'])
>>> s = s|set('Python')                        # 使用操作符“|”
>>> s
{'n', 'o', 'h', 'D', 'A', 'B', 'C', 'y', 't', 'P'}
>>> s.add('ABC')                               # add()方法
>>> s
{'n', 'o', 'h', 'ABC', 'D', 'A', 'B', 'C', 'y', 't', 'P'}
>>> s.remove('ABC')                            # remove()方法
>>> s.update('ABCDEF')                         # update()方法
>>> s
{'n', 'o', 'h', 'D', 'E', 'F', 'A', 'B', 'C', 'y', 't', 'P'}
>>> del s                                      # 删除集合 s
```

增加、修改、删除集合的元素只针对可变集合，对于不可变集合，实施这些操作将引发异常。例如：

```
>>> t = frozenset(['A', 'B', 'C', 'D'])
>>> t.add('E')
Traceback (most recent call last):
```

```
  File "<interactive input>", line 1, in <module>
AttributeError: 'frozenset' object has no attribute 'add'
```

7.2.2 集合可用的操作符

集合类型操作符分为：标准类型操作符、集合类型专用操作符、仅适用于可变集合的专用操作符。前两个类型所使用的操作符来源于表 7-2 的集合类型的基本操作符及功能，后一个类型所使用的操作符是在基本集合类型操作符的基础上演变而来。

1. 标准类型操作符

这个类型的操作符是标准类型操作符，与集合以外的 Python 对象共享，或者说重载。共有 8 个操作符。用于集合与元素或集合与集合的关系判断上。

（1）成员关系（in 和 not in）。已经在集合的基本操作小节介绍过了，此处不再赘述。

（2）集合等价与不等价（==和!=）。集合的等价是指，不同类型或同类型的两个集合，一个集合的所有元素都在另一个集合中，反之亦然。当然还可以说，一个集合是另一个集合的子集，反过来也一样，则这两个集合等价。

很显然，如果不满足上面的定义，则两个集合不等价。

集合的等价与不等价和元素在集合中的顺序无关，集合的特点之一就是无序的。例如：

```
>>> s = {'A', 'B', 'C', 'D'}
>>> t = frozenset(['A', 'B', 'C', 'D'])
>>> s == t
True
>>> s != t
False
```

（3）子集与超集。一个集合是另一个集合的子集表示：前者中的元素都在后者中，且后者中有或没有元素不在前者的集合中。如果说严格子集，就是后者必须有元素不在前者中。

对于两个集合 s 和 t，如果 s 是 t 的子集（严格子集），则 t 是 s 的超集（严格超集）。

有 4 个操作符用于子集（<和<=）与超集（>和>=）。例如：

```
>>> s = {'A', 'B', 'C', 'D'}
>>> t = frozenset(['A', 'B', 'C', 'D'])
>>> s>t
False
>>> s>=t
True
>>> t = frozenset(['A', 'B', 'C', 'D', 'E'])
>>> s<t
True
>>> t>s
True
>>> t>=s
True
```

```
>>> s<=t
True
```

除以上 8 个标准操作符外，集合还可以使用 3 个逻辑操作符：not、and 和 or。使用这 3 个逻辑操作符时，将空集理解为 0，非空集理解为 1， not 用于测试集合是否为空集，返回 True 或 False。and 和 or 的操作是：如果是空集与非空集操作，and 操作返回空集，or 操作返回非空集；如果是两个非空集操作，and 操作返回右边集合，or 操作返回左边集合。这些操作没有实际意义，所以许多教材不谈集合有这 3 个操作符。

2. 集合类型专用操作符

这类集合类型专用操作符实际上是针对集合与集合的运算，会产生运算结果。共有 4 个操作符（|、&、-和^）。

对于这 4 个操作符，如果操作符两边的集合是同类型的，产生的集合类型依然是这个类型；但当两边的集合类型不一致时，结果集合的类型与左操作对象一致。

（1）并操作符（|）。并操作产生一个新集合，称为并集。新集合的元素是参与操作的两集合的所有元素，即属于两个集合之一的成员。并操作有一个完成同样功能的方法 union()。例如：

```
>>> s = {'A', 'B', 'C', 'D', '1'}
>>> t = frozenset(['A', 'B', 'C', 'D', 'E', '-1'])
>>> s | t
{'D', 'E', 'A', 'B', 'C', '-1', '1'}                    # 可变集合
>>> t | s
frozenset({'D', 'E', 'A', 'B', 'C', '-1', '1'})         # 不可变集合
```

（2）交操作符（&）。交操作产生一个新集合，称为交集。新集合的元素是参与操作的两集合的共同元素。同样有相应的等价方法 intersection()。例如（沿用上面的 s、t 集合）：

```
>>> s & t
{'D', 'A', 'B', 'C'}
>>> t & s
frozenset({'D', 'A', 'B', 'C'})
```

（3）差补操作符（-）。差补操作又称相对补集操作，后一种说法更好一些。假设参加操作的集合是 s 和 t，s 与 t 的相对补集（s 与 t 的差补，s 相对 t 的补集）是其元素只属于 s 而不属于 t。反过来说，t 与 s 的相对补集是其元素只属于 t 而不属于 s。这个运算符也有相应的等价方法 difference()。例如（沿用上面的 s、t 集合）：

```
>>> s - t
{'1'}
>>> t - s
frozenset({'E', '-1'})
```

（4）对称差分操作符（^）。对称差分操作：假设参加操作的集合是 s 和 t，s 与 t 进行对称差分操作的结果集是其元素仅属于 s 或仅属于 t，不能同时属于这两集合。这个运算符也有相应的等价方法 symmetric_difference()。例如（沿用上面的 s、t 集合）：

```
>>> s ^ t
{'-1', 'E', '1'}
>>> t ^ s
frozenset({'E', '-1', '1'})
```

3. 四个复合操作符

四个复合操作符是上面产生新集合的四个操作符（|、&、-和^）分别与赋值符相结合构成的增量赋值操作符，它们是：|=、&=、-= 和 ^=。

如果有集合 s1 和 s2，则：

```
s1 |= s2        等价于        s1 = s1 | s2
s1 &= s2        等价于        s1 = s1 & s2
s1 -= s2        等价于        s1 = s1 - s2
s1 ^= s2        等价于        s1 = s1 ^ s2
```

显然，上面 8 个赋值语句都好像要"改写"集合 s1 的内容。

有多方资料都说这 4 个操作符（|=、&=、-= 和 ^=）只对可变集合有效，不可以对不可变集合进行操作。

事实上，下面的操作的确"改变"了集合 t 的内容（s 是可变集合，t 是不可变集合）：

```
>>> s = {'A', 'B', 'C', 'D', '1'}
>>> t = frozenset(['A', 'B', 'C', 'D', 'E', '-1'])
>>> t |= s
>>> t
frozenset({'-1', '1', 'E', 'D', 'C', 'B', 'A'})
>>> t = frozenset(['A', 'B', 'C', 'D', 'E', '-1'])
>>> t &= s
>>> t
frozenset({'D', 'C', 'B', 'A'})
```

还有两个操作符（-= 和 ^=）没有给出例子，同样也能如此操作，产生对不可变集合赋值的结果。当然使用等价的赋值语句也能对不可变集合赋值。（t 是不可变集合。）

这种结果只有一个解释：通过赋值得到集合，等于创建一个新集合，不是修改原集合。笔者的这种解释是可以证明的。例如：

```
>>> s = {'A', 'B', 'C', 'D', '1'}
>>> t = frozenset(['A', 'B', 'C', 'D', 'E', '-1'])
>>> id(s)                    # 集合 s 的身份
48815464
>>> id(t)                    # 集合 t 的身份
47568712
>>> t |= s
>>> id(t)                    # 集合 t 使用了新的身份
48814568
>>> s.update(t)
>>> id(s)                    # 集合 s 的身份不变
48815464
```

还有资料表明，这 4 个复合操作符（|=、&=、-= 和 ^=）分别与 update()、intersection_update()、difference_update()和 symmetric_diffence_update()方法等价。这显然不对，操作符可操作于两种集合，创建新集合；而这些方法仅用于可变集合，用于修改集合。

7.2.3 集合可用的函数与方法

集合可用的函数与方法包括标准类型函数、集合类型专用的方法（没有相应的函数）和仅适用于可变集合的方法。

1. 标准类型函数

这类函数是内置的，用于集合的有 3 个，它们是 len()、set()和 frozenset()。

（1）len()函数。len()函数用于返回集合的元素个数（集合的基数）。

```
>>> s={'A', 'B', 'C', 'D', '1'}
>>> len(s)
5
```

（2）set()和 frozenset()函数。set()和 frozenset()函数分别用于创建可变集合和不可变集合。这两个函数已在集合的基本操作中介绍了，此处不再赘述。

2. 集合类型专用的方法和仅适用于可变集合的方法

集合类型专用的方法包括适用于两类集合的方法和仅适用于可变集合的方法。前面已经出现过许多方法的应用，此处，只以表的形式提供一些方法。表 7-3 所示为所有集合使用的方法，表 7-4 所示为仅适用于可变集合的方法。

表 7-3 所有集合使用的方法

方 法 名	功 能
s.issubset(t)	如果 s 是 t 的子集，返回 True；否则，返回 False
s.issuperset(t)	如果 s 是 t 的超集，返回 True；否则，返回 False
s.union(t)	返回一个新集合，该集合是 s 和 t 的并集
s.intersection(t)	返回一个新集合，该集合是 s 和 t 的交集
s.difference(t)	返回一个新集合，该集合是 s 和 t 的相对补集（其元素仅属于 s，不属于 t）
s.symmetric_difference(t)	返回一个新集合，该集合是 s 和 t 的对称差分（其元素仅属于 s 或 t，但不能同时属于这两个集合）
s.copy()	返回一个新集合，它是 s 的浅复制

表 7-4 仅适用于可变集合的方法

方 法 名	功 能
s.update(t)	用 s 和 t 的并集代替 s
s.intersection_update(t)	用 s 和 t 的交集代替 s
s.difference_update(t)	用 s 和 t 的相对补集代替 s
s.symmetric_difference_update(t)	用 s 和 t 的对称差分集合代替 s
s.add(obj)	对集合 s 添加一个对象 obj

续表

方 法 名	功 能
s.remove(obj)	删除集合 s 的元素 obj，如果 obj 不在 s 中，引发错误
s.discard(obj)	如果 obj 在 s 中，删除集合 s 的元素 obj
s.pop()	删除集合 s 的任意对象，并返回它
s.clear()	删除集合 s 的所有元素

7.3 字典与集合的应用

本节通过实例介绍字典与集合的应用。

例 7.1 数据简单加密问题。

从前有一个称为“rot13”的简单加密方法，原理是：对于一个报文中出现的任何字母用其后（字母顺序）的第 13 个字母代替，循环实现。就是字母表的前 13 个字母用对应的后 13 个字母表示。举例说明：字母'A'用'N'代替，'B'用'O'代替，……，'M'用'Z'代替，而'N'用'A'代替，'O'用'B'代替，……，'Z'用'M'代替；小写字母同样类似。

问题是：用字符串给出一串报文，要求输出这串报文的密文。

这件事如果借用字典实现非常方便的。第一步先建立一个字典，包含大小写 52 个字母作为键的字典，键对应的值也是字母，就是要代替的字母；第二步是根据字符串中的字母，在字典中查找键并返回对应的值。值记录在一个列表中；第三步根据列表将列表中的元素整合成字符串，这个字符串就是密文。

程序代码如下：

```
# -*- coding: gb2312 -*-
# ex7-1 用字典实现数据加密
s = "This is a test for Data Encryption using Dict." # 原文
s1 = "ABCDEFGHIJKLMNOPQRSTUVWXYZabcdefghijklmnopqrstuvwxyz"
s2 = "NOPQRSTUVWXYZABCDEFGHIJKLMnopqrstuvwxyzabcdefghijklm"
l1 = list(s1)
l2 = list(s2)
d = dict(zip(l1,l2))
l1 = []
for c in s :
    if c in d :
        data = d.get(c)
    else :
        data = c
    l1.append(data)

l2 = ['']
for c in l1 :
    l2[0] = l2[0]+c

print(l2[0])             # 输出密文
```

程序运行结果如下：

```
Guvf vf n grfg sbe Qngn Rapelcgvba hfvat Qvpg.
```

例 7.2 计算身份证的校验码。

中国公民身份证号码有 18 位数字，最后一位是校验码，它根据身份证的前 17 位数字计算而得。下面的程序是模拟计算过程。

```
# -*- coding: GB2312 -*-
# ex7-2 计算身份证的校验码（根据身份证的前 17 位）
s=input('input your id(1---17 bit):')
a=list(s)
for i in range(17):
    a[i]=eval(a[i])                       # 将字符转换为数字
w=[7,9,10,5,8,4,2,1,6,3,7,9,10,5,8,4,2]   # 权值表
s=0
for i in range(17):
    s=s+a[i]*w[i]
s=s%11
# 在下面的字典中，s 的值作为键，对应的值是身份证的校验码
d={0:'1',1:'0',2:'X',3:'9',4:'8',5:'7',6:'6',7:'5',\
    8:'4',9:'3',10:'2'}
if s in d :
    print(d.get(s))
```

程序运行结果是：根据所输入的身份证前 17 位，直接输出 1 位校验码字符。

小　结

本章介绍字典和集合。字典是可变对象，集合包含可变对象集合和不可变对象集合。字典和集合同样是 Python 语言引入的许多其他程序语言中没有的数据类型。

对于我们要解决的实际问题，这样的数据类型会带来表达上的新思路，进而带来解决问题的新方法。

字典可用来解决字典排序等问题。

集合的数学特征如无序性、互异性、确定性问题，集合之间的关系，集合与集合的元素之间的关系，集合的分类，自然数的集合等问题都是读者需要了解或掌握的。有了这样的基础，对于我们运用 Python 语言的集合数据类型解决实际问题是有帮助的。

习　题

一、判断题

1. 字典的键不是唯一的，即一个字典中可以出现两个以上的名字相同的键。（　　）

2. 对于不可变集合 t 和 s，操作“t |= s”的确改变了集合 t 的内容，这说明不可变集合是可变的。（　　）

3. 对于不可变集合可以增加、修改、删除集合的元素。（　　）

4. 当字典 s 中有一个键是数字 100 时，访问字典的键和值时使用 s[100]，这与

访问字符串 s 的第 100 位置上的字符是一样的形式。 ( )

5. 集合与集合的运算有并操作（|）、交操作（&）、差补操作（-）和对称差分操作（^），这些操作要求是同类型的集合。 ( )

6. 如果有字典 d1，并且 d2=dict(d1)，如果对 d1 增加一个键值对，且值是一个字符串，则 d2 不发生变化。 ( )

7. 如果有字典 d1，并且 d2=dict(d1)，如果对 d1 增加一个键值对，且值是一个列表，则 d2 发生变化。 ( )

二、编程题

1. 设计一个字典，键项保存用户名，值项保存密码。设计一个登录检查程序，只有用户名和密码都正确的用户才能通过登录检查程序。

2. 设计 3 个集合，分别保存参加长跑、足球、游泳的名单，通过集合运算，找出参加了 3 项运动的名单、任意两项运动的名单。

第 8 章 文件与目录

前面章节操作的数据都是以对象形式在计算机内存中操作的。如果用户要操作的数据来自磁盘，或要将操作的数据保存到磁盘上，这都涉及磁盘文件。

在 Python 系统中，文件是一个对象类型，类似前面学到的其他对象类型。Python 系统的文件概念不局限于磁盘上的文件，还可以是抽象的、具有文件类型接口的类文件。

内存与磁盘以字节流的形式交换数据。

文件的读/写通常是顺序的，当然也可以是随机的。从存储格式上说，文件分为文本文件和二进制文件；从读/写方式上说，文件分为顺序文件和随机文件。

本章介绍 Python 系统中读/写文本文件和二进制文件的基本方法，同时由于文件的存储与磁盘目录相关联，所以也简单地介绍 Python 系统的 os 模块中几个常用的操作文件与目录的方法。

8.1 文件的打开与关闭

如果要读/写一个文件，首先要建立一个文件对象，再利用文件对象提供的方法对文件的数据进行读/写操作。建立文件对象是建立文件与内存数据存储区的联系，读取数据是将文件中的数据读到内存数据存储区，写数据是将内存数据存储区的数据以一定的格式存入文件。

8.1.1 文件的打开

Python 系统提供 open()函数建立文件对象，并打开要读/写的文件。打开文件是数据读/写必需的准备工作。

open()函数的格式：

```
<file_object> = open(<filename>[,<access_mode>][,<buffer>])
```

其中，<file_object>就是文件对象，它是通过 open()函数打开一个文件的同时建立的，它建立了文件与内存数据存储区的联系，以后要对打开文件中的数据进行存取，都要通过文件对象的方法实现。

<filename>是一个要访问文件的文件名，以字符串形式表示。要打开的文件可以是文本文件或二进制文件。如果文件不在当前工作目录，要指出文件的路径。

对于二进制文件，今后读出或写入的数据格式是字节串对象，对于文本文件，数

据格式是字符串。

<access_mode>是文件打开的方式，是一个字符串，包括只读、写入、追加等，默认的方式是只读（'r'），完整的打开方式如表 8-1 所示。

表 8-1　open()函数的打开方式

打开方式	功　能
'r'	只读方式打开文件（缺省方式）
'w'	只写方式打开文件，如果文件存在，清除原来的内容
'x'	创建一个新文件，只写方式打开文件
'a'	只写方式打开文件，如果文件存在，将要写入的内容追加在原文件内容后
'b'	二进制文件模式
't'	文本文件模式（缺省方式）
'+'	读/写方式打开文件，用于更改文件内容

表 8-1 中的字符可以组合成字符串。打开模式'r'和'rt'都是指以只读方式打开文本文件，要打开二进制文件，可使用'rb'、'r+'、'r+b'、'w+b'、'r+b'和'w+b'用于打开可读可写的随机文件，如果文件已经存在，对于'w+b'，会清除文件原来的内容。'x'模式表示以只写方式打开文件，如果文件存在，会引发 FileExistsError 错误。

对文件的读/写，显然有一个从什么位置读、写到什么位置的问题。其实，文件对象隐含着一个指示文件内数据位置的指针。当一个文件被打开，多数的打开方式将这个指针定位在文件的开始（即指向第 0 个位置），但对于有'a'的打开方式，指针定位在文件的尾部（最后一个字节的下一个字节）。至于有了数据的读/写后，指针会移动到什么位置，将在数据读/写一节中介绍。

<buffer>用来指定缓冲区（内存中暂存文件的读/写数据的存储区域）设置策略，它是一个整数。这个值为 0，表示关闭缓冲区（只用于二进制文件）；为 1，表示行缓冲区（只用于文本文件）；为一个大于 1 的整数，表示缓冲区的大小。

不指出这个参数，按下面两种情况实施：

对于二进制文件，使用固定大小的缓冲区，缓冲区大小由 io.DEFAULT_BUFFER_SIZE 指定。多数系统使用 4 096 或 8 192 字节。对于文本文件，交互系统的文本文件（isatty()方法返回 True）使用行缓冲区，其他文本文件与二进制文件相同。

下面通过一些交互命令打开文件，看看文件对象反映的结果：

```
>>> f = open('abc','r')
>>> type(f)
<class '_io.TextIOWrapper'>
>>> g = open('abc','rb')
>>> type(g)
<class '_io.BufferedReader'>
```

两种方式打开文件，反映出文件对象 f 和 g 是不同类型的文件对象。下面的命令由于文件 abc 存在，所以引发错误。

```
>>> h = open('abc','xb')
Traceback (most recent call last):
```

```
    File "<interactive input>", line 1, in <module>
FileExistsError: [Errno 17] File exists: 'abc'
```

再看看固定大小的缓冲区到底是多小字节：

```
>>> import io
>>> io.DEFAULT_BUFFER_SIZE
8192
```

一旦文件对象建立，文件对象就有许多属性和方法可以使用，在此列出几个简单的属性：

```
>>> f.mode
'r'
>>> f.name
'abc'
>>> f.closed
False
```

8.1.2 文件的关闭

对于一个已打开的文件，无论是否进行了读/写操作，在不需要对文件操作时，应该关闭文件。这项工作就是切断文件与内存数据存储区的联系，释放打开文件时占用的系统资源。

Python 系统提供 close()方法关闭文件。对于前面打开的文件，利用文件对象 f，只要运行一条命令“f.close()”，就可以关闭文件。同时，文件对象 f 也就不存在了。

8.2 文件的读/写

打开文件的目的就是要读或写文件。这一节将介绍文本文件、二进制文件和随机文件的读/写方法。要注意：从存储格式上说，文件分为文本文件和二进制文件；从读/写方式上说，文件分为顺序文件和随机文件。

8.2.1 用于读/写的方法

在 Python 语言中，用于读/写的方法有：read()、readline()、readlines()、write()、writelines()。

read()方法返回字符串或字节串；可以设置参数，用于指定读出的字节数，不指定或指定负数，则是读取全部内容。

readline()方法读取一行数据，包括"\n" 字符，如果指定参数（参数是字节数），则读取指定字节数的字符。

readlines()方法读取数据是以行为单位读取，读取多行数据，如果指定参数（参数是字节数），表示读取相当于字节数的行数。

在这 3 种方法中，read()方法可使用于读取文本文件和二进制文件，方便简单；readline()方法更适合读取文本文件。

write()方法用于将指定的数据写入文件，方法的参数就是要写入的数据。参数必须是字符串或字节串。返回写入的字节数。该方法适合向文本文件和二进制文件写入数据。

writelines()方法向文件写入一个字符串的列表，如果要换行，自行加入每行的换行符。方法不返回结果。

writelines()方法更适合以行为单位写入文本文件的内容。

除了上述5种读/写方法外，Python系统还提供了多种与读/写有关系的方法。如tell()、seek()等方法。

tell()方法返回文件的读/写指针指向的位置，换句话说，下一次的读/写操作将在这个位置展开。

seek(offset[,from])方法用于设置文件的读/写指针的位置。参数offset用于指定指针要移动的字节数。参数from用于指定指针位置的基点（参考位置），如果from被设为0，这意味着将文件的开头作为移动字节的参考位置；如果设为1，则使用当前的位置作为参考位置；如果它被设为2，那么该文件的末尾将作为参考位置。不指出from参数，默认参数from为0。

文件对象的方法及功能如表8-2所示。

表8-2 文件对象的方法及功能

方 法 名	功 能
close()	关闭文件
flush()	刷新文件内部缓冲，直接把内部缓冲区的数据立刻写入文件，而不是被动地等待输出缓冲区写入
fileno()	返回一个整型的文件描述符，可以用在如os模块的read()方法等一些底层操作上
isatty()	如果文件连接到一个终端设备，返回True，否则返回 False
read([size])	从文件读取指定的字节数，如果未给定或为负则读取所有
readable()	判断是否可读
readline([size])	从文件读取一行
readlines([size])	从文件读取多行
seek(offset[,from])	设置文件当前位置
seekable()	判断是否可设置文件当前位置
tell()	返回文件当前位置
truncate([size])	截取文件，截取的字节通过size指定，默认为当前文件位置
writable()	判断是否可写
write(str)	将字符串写入文件
writelines(sequence)	向文件写入一个序列字符串列表，如果需要换行则要自己加入每行的换行符

8.2.2 文件读/写实例

下面分别介绍文本文件的读/写、二进制文件的读/写、文件内容的修改。

例8.1 创建一个文本文件，首先向文件中写入适当的信息；然后读取刚才写入的信息，并显示出来。

对于文本文件的读/写操作，写入可直接使用write()方法，需要换行符时在写入内容中加入换行符；读取文本文件内容，选用 readline()方法，每次读取一行，并显示一行的信息，直到文件内容读完。

程序代码如下：

```
# -*- coding: gb2312 -*-
# ex8-1 文本文件的读/写操作示例
f = open('ex8-1.txt','w')
for i in range(10) :
    s = '第'+str(i+1)+'行: '+'Test line:'+str(i+1)+'\n'
    f.write(s)
f.close()

f = open('ex8-1.txt','r')
while True :
    s=f.readline()
    if s=='' :              # 表示读到文件尾部，两单引号内无内容
        break
    print(s)
f.close()
```

程序执行结果是：先在当前工作目录下生成一个文件“ex8-1.txt”，其内容是 10 行数据；然后，读出这 10 行数据，并显示在屏幕上。

例 8.2 复制一个二进制文件（假定已有一个二进制文件：ex8-2）。

对于二进制文件的读/写，写入使用 write()方法，读出使用 read()方法。

程序代码如下：

```
# -*- coding: gb2312 -*-
# ex8-2 复制一个二进制文件
f = open('ex8-2','rb')
g = open('ex8-2_2','wb')
while True :
    s=f.read(10)          # 每次读取 10 字节
    if s==b'' :
        break
    print(s)
    g.write(s)
f.close()
g.close()
```

程序执行结果是：从源文件（ex8-2）中读取数据，每次读取 10 字节，最好是每次读取缓冲区大小的字节数，写入目标文件（ex8-2_2），直到读到文件尾部。

例 8.3 将二进制文件 ex8-2 的位移量为 100 处连续 10 字节改写为“ABCDEFGHIJ”。

根据题意要求，打开文件要使用'r+b'方式。因为要向二进制文件中写入数据，所以写入的数据不能是字符串，应该是字节串。修改指定位置的内容是随机存取，需要使用 seek()和 tell()两个方法定位位置。

程序代码如下：

```
# -*- coding: gb2312 -*-
# ex8-3 改写文件内容
f = open('ex8-2','r+b')
f.seek(0,2)
if f.tell()<=110 :
    print('无法实现原题要求，返回')
else :
    f.seek(100)
    s = b'ABCDEFGHIJ'
    f.write(s)
f.close()
```

例 8.4 键盘输入两个文件名，检验两个文件内容是否相同，如果相同，给出提示信息，如果不同，输出不同的位置与代码。

对于这个问题，每次只能读取一个字节，再进行比较。

程序代码如下：

```
# -*- coding: gb2312 -*-
# ex8-4 比较文件内容
s1 = input('请输入第一个文件名：')
s2 = input('请输入第二个文件名：')
f = open(s1,'rb')
g = open(s2,'rb')
min = f.seek(0,2)
if min>g.seek(0,2) :
    min = g.seek(0,2)
f.seek(0)
g.seek(0)
i = 0
flag = 0
while i<min :
    s1 = f.read(1)
    s2 = g.read(1)
    if s1!=s2 :
        print(i,': ',s1,'  ',s2)
        flag =flag+1
    i = i+1
f.close()
g.close()
if flag==0 :
    print('两个文件前面相同')
else :
    print('两个文件不相同')
```

对于这个程序，如果给出的两个文件长度不一样，只能以短文件的长度作基准进行比较，比较到短文件的尾部为止。

8.3 文件目录

文件操作必然要涉及文件在磁盘中存储的目录（文件夹）。Python 系统的 os 模块提供了许多关于文件和目录的操作方法。在使用这些方法之前，应该导入 os 模块。

1. remove()方法

remove()方法用于删除文件。该方法的参数是待删除的文件名，文件名以字符串形式表达。例如：

```
>>> import os
>>> os.remove('abc')                                    # 删除文件 abc
```

2. rename()方法

rename()方法用于对文件换名。该方法需要两个参数：

```
os.rename(current_file_name, new_file_name)
```

例如：

```
>>> os.rename('abc.txt','Test.txt')
```

3. mkdir()方法

文件可能存储在各个不同的目录下，要操作文件，首先要操作目录，包括新建目录、删除目录、更改当前目录。Python 系统的 os 模块提供了这样的方法。

mkdir()方法可在当前目录下创建新的目录，新目录名以字符串形式作为方法的参数。例如：

```
>>> os.mkdir('XYZ')                                     # 创建目录 XYZ
```

4. chdir()方法

chdir()方法用于改变当前的目录，chdir()方法的参数是待设为当前目录的目录名（以字符串形式表示）。例如：

```
>>> os.chdir('c:\python35')                             # 设置 c:\python35 为当前目录
```

5. getcwd()方法

getcwd()方法显示当前的工作目录。例如：

```
>>> os.getcwd()
'C:\\Python33'
```

6. rmdir()方法

rmdir()方法删除目录，目录名称以参数传递。在删除这个目录之前，它的所有内容应该先被清除。例如：

```
>>> os.rmdir('Mydir')                                   # 删除目录 Mydir
```

7. listdir()方法

listdir()方法返回当前目录下的文件与子目录名。例如：

```
>>> os.listdir()
['111.jpg', '2.jpg', '3.bmp', 'abcd', 'abcd.txt', 'DLLs', 'Doc',
'ex8-1.txt', 'ex8-2', 'ex8-2_2', 'include', 'Lib', 'libs', 'LICENSE.txt',
'NEWS.txt', 'Pillow-wininst.log', 'python.exe', 'pythonw.exe', 'pywin32-
wininst.log', 'README.txt', 'RemovePillow.exe', 'Removepywin32.exe',
```

```
'Scripts', 'tcl', 'Test.txt', 'tian.jpg', 'Tools', 'xhzd11.txt', 'xhzd11_
Unicode.txt', 'xhzd11_Unicode_2.txt', 'xhzd11_UTF-8.txt', 'XYZ']
```

模块 os 提供的方法还有许多，上面列举的仅是一些可能用上的方法。如果读者需要更进一步了解其他方法，可通过 help(os)命令获取。

小　结

本章介绍了 Python 系统中读/写文本文件和二进制文件的基本方法与 os 模块中几个常用的操作文件与目录的方法。

本章中介绍的读/写文本文件、二进制文件是最基本的方法。其实，访问文件的手段还有对数据库、特定格式的文件、网页等，这些只能在专门的章节中讨论。

访问文件是每一门计算机程序语言必备的交换内存与磁盘中信息的方法。这种方法的实现，方便了程序员读取或保存数据，扩大了数据处理的能力。最大的好处是让语言与语言之间、应用程序与应用程序之间有了数据交换的可能。

习　题

一、判断题

1. 顺序读/写文件与随机读/写文件是两种读/写文件的方式，它们的区别依靠设置读/写指针位置的 seek()方法实现，与 open()函数中的打开方式无关。（　　）

2. open()函数用于建立文件对象，建立文件与内存缓冲区的联系。可以用于文本文件和二进制文件，打开方式是指只读、读/写、添加、修改等。（　　）

3. 如果 open()函数的打开方式是'r+b'，说明是打开一个可随机读/写的二进制文件。（　　）

4. open()函数的打开方式'r+b'中的加号（+）没有实际意义。（　　）

5. 文件对象的 close()方法用于关闭文件，在实际操作中，不这样做，程序运行也正常，这说明有无文件关闭操作都可行。（　　）

6. read()函数可以读出文件中的数据，读出的字节数量由用户指定。指定多少合适呢？最合适的选择是：尽可能一次性读完文件所有内容（有必要时），不能一次性读完时，每读出的数量以内存缓冲区大小为准。（　　）

7. Python 关于文件的读/写缺少一个指示文件尾的方法 eof()，要判断是否读到文件尾部用读出内容为空表示。（　　）

二、编程题

1. 设计一个合并两个文本文件内容的程序。

2. 设计一个程序：如果一个文本文件中含有字符串“ABCD”，将其替换为“Python”。

模　　块 «‹

模块（module）是用来组织 Python 程序代码的一种方法。当程序的代码量比较大时，可以将代码分成多个彼此联系、又相互独立的代码段，这每个代码段可能包含数据成员和方法的类（“数据成员和方法的类”是面向对象程序设计的说法，在没有面向对象程序设计的基础时，可以理解为数据和程序代码的总和）。这样的代码段是共享的，所以可将代码段通过导入（import）的手段加入到正在编写的程序中，让程序使用模块中这些可共享的代码段。这样看来，模块是一个包含诸多可共享的代码段的组织单位。

还有一个更大的单位，称为包，它是用来组织模块的。

模块的概念是站在逻辑结构层面建立的概念，它在磁盘中的存在形式仍然是文件。那么，站在物理结构层面上理解，模块就是文件。模块是以模块文件的形式存储在磁盘中的。因此，一个模块可以认为是一个文件，一个文件也可以理解为一个模块，模块的文件名就是模块名加上扩展名.py。

9.1 名称空间

1. 名称空间的概念

名称空间是名称（标识符）到对象的映射。

第 2 章介绍过，让一个变量引用一个对象，实际上是绑定这个变量的标识符到指定的对象，在名称空间添加变量名称，引用计数器加 1。

第 5 章介绍过，确定一个变量的作用域，首先要确定变量是否在其局部名称空间，不在其局部名称空间时，再查找是否在全局名称空间，最后在内置名称空间中查找。看来作用域与名称空间是有关联的。

模块也有自己唯一的名称空间。如果用户自己创建了一个模块 mymodule，并且用户要在程序中使用模块 mymodule 中的函数（方法）fun()，则需要使用 mymodule. fun() 形式，这实际上是指定了模块的名称空间。即使在不同的模块中有相同的函数（方法），因为使用了名称空间，也不至于产生使用上的冲突。

2. 模块的查找

当用户需要导入一个模块时，用户会使用 import 命令在搜索路径中查找指定模块的文件名，当模块的文件名不在搜索路径中时，导入工作是不会成功的。这说明：搜索路径是一个特定目录的集合，Python 系统只在这些特定的搜索路径中查找模块文件名。这个特定的目录是 Python 系统安装时确定的默认搜索路径。

默认搜索路径被保存在 sys 模块的 sys.path 变量中，用户可以使用命令查看：

```
>>> import sys
>>> sys.path
['', 'C:\\Windows\\system32\\python33.zip', 'C:\\Python33\\DLLs',
'C:\\Python33\\lib', 'C:\\Python33\\Lib\\site-packages\\pythonwin', 'C:
\\Python33', 'C:\\Python33\\lib\\site-packages', 'C:\\Python33\\lib\\
site-packages\\win32', 'C:\\Python33\\lib\\site-packages\\win32\\lib']
```

这是一个列表，可以通过 append()方法向 sys.path 变量中增加一个目录：

```
>>> sys.path.append('要增加的目录路径')
```

如果是用户自己建立的模块，应该将模块的文件（如前面的 mymodule.py）存放在指定的目录中。

其实，每个操作系统都可以设置相应默认搜索路径的环境变量，但要在安装系统前设置。

9.2 导入模块

1. 导入语句

导入模块使用 import 语句和 from-import 语句。

import 语句的语法格式如下：

```
import module1[, module2][, ..., moduleN]]
```

import 语句导入整个模块。

import 语句执行的过程是：在搜索路径找到指定的模块，加载该模块。如果在一个程序的顶层导入指定模块，则所指定模块的作用域是全局的；如果在函数中导入，那么它的作用域是局部的。

导入多个模块时，建议先导入标准库模块，后导入第三方模块，最后导入应用程序的自定义模块；并且在程序的开头部分导入。

from-import 语句的语法格式如下：

```
from module import name1[, name2[, ..., nameN]]
```

from-import 语句导入模块的某些属性。也可以使用“from module import *”导入所有属性。

例如：

```
>>> import sys
```

这是导入 Python 标准库的 sys 模块。sys 模块提供了许多函数和变量来处理 Python 运行时环境的不同部分。例如，通过 path 属性查阅默认搜索路径、platform 属性提供机器平台、maxsize 属性是系统中 C 的最大支持整数、modules 是系统已导入的模块字典、maxunicode 是系统支持的最大 Unicode 编码数量等。

2. 模块导入的特征

模块导入是要被执行的。所谓执行，就是被导入的模块中定义的全局变量被赋值、类及函数的声明将被执行。只有第一次导入模块，导入的模块才会被执行。

3．与模块导入有关的内置函数

Python 系统提供了几个内置函数用于支持模块。它们是：__import__()函数，它实现与 import 语句相同的功能；globals()和 locals()函数，分别返回调用者的全局名称空间或局部名称空间。

4．包的概念

包是模块更上一层的概念，一个包可以包含多个模块。包能够帮助用户将有联系的模块组织在一个包内；同时还可以解决模块名冲突。

包的导入同样使用 import 语句或 from-import 语句实现。

建立包的方法：在 Python 的工作目录下的 LIB 子目录中建立一个目录，这个建立的目录名就是包的名字；将模块置入包（目录）内。

5．自动载入的模块

当 Python 系统解释器在标准模式下启动时，一些模块会被解释器自动导入，它们是与系统操作相关联的模块。如 builtins 模块。

sys.modules 变量包含了已完整导入解释器系统的模块的字典，模块名是键，模块所在的位置是值。那么，用户可以通过字典方法 keys()查询已导入的模块。例如：

```
>>> import sys
>>> sys.modules.keys()
```

这里会有许多模块名显示出来，因为名称太多，笔者省略了这一部分显示内容。读者可以自己试试，你会看到有 builtins 模块、sys 模块等。

小　结

本章重点介绍了名称空间和模块的导入方法。模块内的函数、数据对象是他人已编写好了的程序代码，这些程序代码是可以共享的，当然可以借来使用。这样，对程序员来说，节约了编写这一部分程序的时间，提高了编程效率。

使用他人的代码与数据是通过模块导入方法实现的，这个实现过程涉及名称空间，也就是说你引入的数据对象或代码在什么范围内可使用。

习　题

判断题

1．模块是一个可共享的程序。（　　）

2．用户可以自行创建模块，方法是将自己的程序文件复制到 Python 工作目录下的 LIB 子目录，用 import 命令导入即可。（　　）

3．包是比模块更大的组织单位，一个包内可以包含多个模块。创建包的方法是：在 Python 工作目录下的 LIB 子目录中建立一个目录，这个建立的目录名就是包的名称。将模块置入包（目录）内。（　　）

第 10 章 错误与异常

在编译或执行时，程序可能会产生一些想不到的结果，或程序运行不能停止下来，这都是错误（Error）。通常错误分为三类，第一类是语法上的错误，这类错误是由于没有按照语言的语法规则编写代码造成的，这类错误也容易被编译器或解释器捕获，这类错误必须在程序运行前纠正。第二类错误是运行时错误，这类错误是编译器或解释器发现不了的错误，这可能是输入数据类型不正确、除数为 0、序列下标越界、要打开的文件不存在等。第三类错误是逻辑错误，这类错误也是编译器或解释器发现不了的错误，这可能是引用了不正确的变量、算法不对、语句顺序错误、死循环等。第一、三类错误属于致命性错误，不排除错误，程序是无法运行的。

无论是哪一类错误，程序语言的解决办法通常是终止编译或解释（运行），排除所有错误，再次编译或解释。这并不是最好的办法，程序的错误不一定非要终止编译或终止执行。换句话说，程序的错误不一定都是致命性的错误，例如，第二类错误是在程序中可以控制的。当 Python 系统检测到一个错误时，解释器会报告当前的程序代码流无法执行下去了，这时候就出现了异常。

异常（Exception）是程序的执行过程中用来解决错误、避免直接终止程序运行的手段（行为）。

10.1 异　常

程序中有错误，纠正错误是理所当然的。但只要错误不是致命性错误，错误都可以通过一种“柔和”的手段（不直接终止程序运行的方法）解决。这就是通过异常手段解决。

10.1.1 异常的概念

异常是程序出现了错误为排除错误而在正常控制流之外采取的行为（动作）。这个行为动作又分为两个阶段：首先是异常的发生，它是因为某个错误引起的，所以有人说是异常发生的条件；然后是检测和处理异常。

在第一阶段，因为检测到正常执行的程序流中有错误，解释器将触发一个异常信号。Python 系统还允许程序员自己引发异常。无论是解释器还是程序员引发的异常，只要有异常信号，解释器都要暂停当前正在执行的程序流，而去处理因为错误引发的异常，就是去处理错误。处理异常是第二阶段的工作。

在第二阶段，工作是处理异常。这包括忽略错误或采取补救措施让程序继续执行。无论是哪种方式都是代表执行的继续，也可以认为这种工作是程序控制流的一个控制分支。

因为有了异常处理，程序员可以控制程序如何运行，这让程序有了更好的可控性，这实际上也是应用程序健壮性的体现。

要特别强调一点：不是所有的错误都可以通过异常进行处理。也就是说，程序员不可能预见所有的错误。

10.1.2 Python 中的异常

在前面的章节中，无论是在交互窗口执行单条命令，还是执行一个完整的程序，Python 系统都可能产生一些错误提示，这是因为程序或命令中有错误，解释器终止了程序或命令的执行。这就是异常，只是没有处理这些异常。这些错误提示信息显示：错误的名称、原因和发生错误的行号。

Python 系统可能产生的常见异常如下：

1．BaseException 和 Exception

BaseException 是最顶层的异常，Exception 是 BaseException 的下层异常。

2．NameError

这是企图访问一个未声明的变量。就是说程序中使用的变量没有经过第一次赋值（或没有给初值），而在程序中使用它的值。换句话说，Python 解释器在搜索多层名称空间时，没有找到这个变量的名称。例如：

```
>>> a
Traceback (most recent call last):
   File "<interactive input>", line 1, in <module>
NameError: name 'a' is not defined
```

3．ZeroDivisionError

表达式中有除数为 0 的情形。例如：

```
>>> 1/0
Traceback (most recent call last):
   File "<interactive input>", line 1, in <module>
ZeroDivisionError: division by zero
```

4．SyntaxError

程序代码中有语法错误，这种异常是非程序运行时的错误，只能在程序运行前纠错，也就是说，不可能用异常处理错误。例如：

```
>>> while True
Traceback (  File "<interactive input>", line 1
   while True
         ^
SyntaxError: invalid syntax
```

5．IndexError

请求的索引超出了序列范围。例如：

```
>>> s = [1,2,3]
>>> print(s[3])
Traceback (most recent call last):
   File "<interactive input>", line 1, in <module>
IndexError: list index out of range
```

6. KeyError

请求一个不存在的字典关键字。例如：

```
>>> dict = {1:'A', 2:'B', 3:'C'}
>>> print(dict[5])
Traceback (most recent call last):
   File "<interactive input>", line 1, in <module>
KeyError: 5
```

7. FileNotFoundError

企图打开一个不存在的文件。例如：

```
>>> f = open('123.txt','r')
Traceback (most recent call last):
   File "<interactive input>", line 1, in <module>
FileNotFoundError: [Errno 2] No such file or directory: '123.txt'
```

8. AttributeError

企图访问某对象的不存在的属性。例如：

```
>>> f= open('ex8-2','r')
>>> f.name
'ex8-2'
>>> f.nam
Traceback (most recent call last):
  File "<interactive input>", line 1, in <module>
AttributeError: '_io.TextIOWrapper' object has no attribute 'nam'
```

9. KeyboardInterrupt

在有输入数据对话框中，用户中断了数据的输入（用户按了 Cancel 键）。例如：

```
>>> x=input()
Traceback (most recent call last):
   File "<interactive input>", line 1, in <module>
   File "C:\Python33\Lib\site-packages\pythonwin\pywin\framework\app.py",
line 370, in Win32RawInput
   raise KeyboardInterrupt("operation cancelled")
KeyboardInterrupt: operation cancelled
```

在 Python 系统中，还有许多类型的异常，在这里就不一一列举了。

10.2 异常的检测与处理

异常的检测与处理是用 try 语句实现完成的。正如标题描述的一样，检测异常是第一步工作，然后是有了异常，再对异常进行处理。

try 语句有多种形式：

① try ... except。

② try ... finally。

③ try ... except ... finally。

对于第①种形式，except 子句可有多个；在第②种形式中，finally 子句只能有一个；第③种形式是复合语句。

try 子句下面（或说后面）是被检测的语句块，except 子句下面是异常处理语句块、finally 子句下面是无论有无异常都执行的语句块。

10.2.1 try ... except 语句

语法格式：

```
try :
    <被检测的语句块>
except <异常名> :
    <异常处理语句块>
```

语句检测<被检测的语句块>中是否有异常（<被检测的语句块>会正常执行），如果有异常，则执行<异常处理语句块>中的语句；否则，忽略<异常处理语句块>。

下面的代码如果执行，将产生代码后面的异常提示信息：

```
>>> s = [1, 2, 3, 4]
>>> print(s[4])
Traceback (most recent call last):
    File "<interactive input>", line 1, in <module>
IndexError: list index out of range
```

如果使用 try ... except 语句，上面的两行代码照样执行，如果出现异常，则处理异常。由于增加了异常检测，避免了程序代码的终止，增强了代码的健壮性。

```
>>> s = [1, 2, 3, 4]
>>> try :
...     print(s[4])
... except IndexError :
...     print('索引出界')
...
索引出界
```

10.2.2 try ... except ... else 语句

语法格式：

```
try :
    <被检测的语句块>
except <异常名> :
    异常处理语句块
else :
    <语句块>
```

这个语句与 try ... except 语句相似，只是增加了 else 子句。语句检测<被检测的语句块>中是否有异常（<被检测的语句块>会正常执行），如果有异常，则执行<异常处理语句块>中的语句；否则，执行 else 子句下面的<语句块>。

例如：

```
>>> s = [1,2,3,4]
>>> try :
...     print(s[3])
... except IndexError :
...     print('索引出界')
... else :
...     print('被检测语句序列无异常')
...
4
被检测语句序列无异常
```

又如:

```
>>> s = [1, 2, 3, 4]
>>> i = 0
>>> while True :
...     try :
...         print(s[i])
...     except IndexError :
...         print('索引出界')
...         break
...     else :
...         i = i+1
...
1
2
3
4
索引出界
```

这段代码读取列表 s 的值进行输出，当读到列表尾部时，产生异常，处理异常后，跳出循环。

10.2.3 带有多个 except 子句的 try 语句

带有多个 except 子句的 try 语句是指 try ... except 语句或 try ... except ... else 语句中可增加多个 except 子句。这是针对多种异常产生的情况，每个 except 子句处理一种异常。

例如（由于这段代码比较长，写成一个程序形式）：

```
# -*- coding: GB2312 -*-
s= [1, 2, 3, 4]
while True :
    try :
        x = eval(input('input:'))
        print(s[x])
    except IndexError :
        print('索引出界')
        break
```

```
    except NameError :
        print('不是数字')
        break
    except KeyboardInterrupt :
        print('用户中断输入数据')
        break
    else :
        pass
```

这段代码的功能是：循环读取键盘输入的数据，作为索引输出列表的值。被检测的代码序列可能有三种异常，它们是索引越界、输入的数据不能转换为数字、用户中断了数据输入。无论何种异常发生都终止循环并结束程序。

无论何种异常发生程序都终止的原因是每个 except 子句下面的语句块最后一个语句是 break 语句，它使程序跳出了 try ... except ... else 语句。当某一 except 子句中不使用 break 语句，只要没有设置了 break 语句的异常，程序将继续检测。可见，在 except 子句中使用 break 语句有时是必要的。

10.2.4 finally 子句

finally 子句用在 try 语句中，无论异常是否发生，finally 子句下面的语句块都要被执行。例如：

```
try :
    f = open('Test.txt','r')
    f.read()
except Exception :
    print('Error')
finally :
    print(f.name)
    f.close()
```

当文件 Test.txt 不存在时，这段代码执行后，会输出字符串 Error，还会输出文件名 Test.txt。

10.2.5 捕获所有异常

最顶层的异常是 BaseException，它是一个内置的类。它的下层异常有 Exception。如果要捕获所有异常，使用下面的格式：

```
try :
    ...
except BaseException :
    ...
```

10.3 断言语句与上下文管理语句

10.3.1 断言语句（assert 语句）

assert 语句的语法格式：

```
assert <表达式>[, <字符串>]
```

assert 语句首先判断<表达式>，当<表达式>为 True 时，什么也不做；为 False 时，则产生异常。<字符串>作为异常类的实例。例如：

```
>>> x = 1
>>> y = 2
>>> s = 'x is not equal y!'
>>> assert x == y , s
Traceback (most recent call last):
    File "<interactive input>", line 1, in <module>
AssertionError: x is not equal y!
```

assert 语句通常用在 try 语句中：

```
>>> try :
...     assert x == y, s
... except AssertionError :
...     print(s)
...
x is not equal y!
```

10.3.2 上下文管理语句（with 语句）

with 语句的语法格式：

```
with <上下文管理表达式>[, <变量>] :
    <语句块>
```

with 语句将<上下文管理表达式>的值赋给变量，并执行其下的<语句块>。例如：

```
>>> with open('Test.txt','r') as f :
...     for i in f:
...         print(i)
...
1234567890

abcdef

Python
```

这段代码首先打开当前工作目录中的文件 Test.txt，文件中有三行字符串，都带有换行符；再将文件对象赋给变量 f；最后执行 with 语句下面的<语句块>，输出三行字符串。每行后的空行是由 print()函数产生的。

并非所有的表达式都是上下文管理表达式，也就是说不是所有对象都可以使用 with 语句，只有支持上下文管理协议（context management protocol）的对象才能使用。支持该协议的对象有：file、decimal.Context、thread.LockType、threading.Lock、threading.RLock、threading.Condition、threading.Semaphore、threading.Bounded Semaphore。

10.4 raise 语句

前面介绍的异常是由 Python 解释器引发的异常，而 raise 语句用于程序员编写的应用程序中，由应用程序自己引发异常。

raise 语句的语法格式：

```
raise [<异常名>]
```

其中，<异常名>必须是一个异常类或异常类的实例，可以是系统产生的异常名，也可以是用户自定义的异常类名。

例如：

```
>>> raise
Traceback (most recent call last):
    File "<interactive input>", line 1, in <module>
RuntimeError: No active exception to reraise
>>> raise NameError
Traceback (most recent call last):
    File "<interactive input>", line 1, in <module>
NameError
```

下面通过一个例子介绍自定义的异常类，再通过 raise 语句引发异常。

例 自定义一个异常类，再通过程序引发异常。

程序代码如下：

```
# -*- coding: GB2312 -*-
# ex10-1
# 定义一个异常类 my_Exception
class my_Exception(Exception) :
    def __init__(self, length, max) :
        Exception.__init__(self)
        self.length=length
        self.max=max

# 捕捉异常
try :
    s = input('Input a str:')
    if len(s)>10 :
        raise my_Exception(len(s),10)
except KeyboardInterrupt :
    print('用户按了 Cancel 键')
except my_Exception:
    print('自己定义的异常')
    print('输入串: ', s)
else :
    print('没有异常')
    print('输入串: ', s)
```

这个程序涉及面向对象程序的概念，我们还没有面向对象程序设计的基础，只能暂时认可上面程序中的类。

这个程序首先定义一个异常类 my_Exception，程序通过键盘输入一个字符串，如果输入串长度在 10 个字符（包括 0 个、10 个字符）以内，程序报告没有异常并输出键入的字符串；如果用户按了 Cancel 键，处理解释器引发的 KeyboardInterrupt 异常；如果输入串长度大于 10 个字符，处理由程序自己引发的异常 my_Exception。

下面是程序运行三次的运行结果：

```
自定义的异常
输入串:  1234567890ABC
```

```
用户按了 Cancel 键
没有异常
输入串:  123
```

小　结

本章介绍了错误与异常的概念、Python 语言处理异常的语句（try...except 语句、try...finally 语句、raise 语句等）。

通过本章的学习，掌握了加强程序健壮性的方法，这就是：程序中的错误不一定都是致命性的错误，有些错误（异常）是程序员可以控制的，程序员通过程序代码控制错误发生，让程序能够继续运行下去。这样就避免了直接终止程序。这也增加了程序的容错能力。

习　题

一、判断题

1. 所有程序错误都可以用异常控制、解决。（　）

2. try ... except 语句与 try ... finally 语句的区别在于：前者在有异常时执行 except 下的语句，而后者无论有无异常，都执行 finally 子句下面的语句。（　）

3. try ... except ... else 语句、try ... except 语句的结构类似于 if ... else 语句、if ... 语句的结构。（　）

4. 带有多个 except 子句的 try 语句或 try ... else 语句中，每个 except 子句可以处理多种异常。（　）

5. 带有多个 except 子句的 try 语句或 try ... else 语句中，每个 except 子句下面语句块的最后一个语句必须是 break 语句。（　）

6. 捕获所有异常 Exception 没有必要。（　）

7. raise 语句用于程序员编写的应用程序中，由应用程序自己引发异常，这是没有必要的语句。（　）

8. 如果程序语言没有异常处理语句，程序员就没有办法控制异常。（　）

二、编程题

设计一个函数 input_dig()替代 input()函数，要求 input_dig()函数只接收数字串，像 10.2.3 节的示例那样，处理使用 input()函数可能产生的所有异常，直到接收到符合要求的数字串。提示：大约有三种情况需要处理：用户按下了 Cancel 键、没有输入就按下了 OK 键、输入的串包含非数字。

第 11 章 面向对象编程 ‹‹‹

从编程方法上讲，我们经常会遇到这样的概念：面向过程程序设计和面向对象程序设计；某某程序设计语言支持面向过程程序设计、支持面向对象程序设计，或支持面向过程和面向对象程序设计。其实，都是在说目前程序设计的方法有两种：一是面向过程程序设计（Procedure Oriented Programming）方法，二是面向对象程序设计（Object Oriented Programming，OOP）方法。

面向过程程序设计的特点是：以问题求解过程为主线；按模块化方式自顶向下设计出求解步骤；表现形式是数据与程序代码分离。面向过程程序设计的优点是易于理解和掌握，这种逐步细化问题的设计方法与人类的思维方式比较接近。但是，对于比较复杂的问题，这种自上而下逐步细化的方法要求设计者在一开始就要对问题有一定的了解，要做到这一点很困难。另一方面，需求变化比较大的问题，类似以前对问题的理解会变得不再合适。

面向对象程序设计是一种以对象为基础，以事件或消息来驱动对象执行处理的程序设计方法。表现形式是数据与程序代码（函数）统一，定义在一个称为类（class）的数据结构中。类是一个集合名词，代表一个种类，是一类具有共同属性的个体的总称。类似数学概念“集合”。其中的个体称为对象（object），或称实例（instance）。

面向对象程序设计是一种自下而上的程序设计方法。它不像面向过程程序设计那样，一开始就要求程序设计者构造出整个程序宏观结构，而是从问题的一部分着手，一点一点地构建出整个程序。类作为程序的基本单位，函数是类之间交换数据的接口。

前面章节看到的程序都是面向过程的。面向对象程序语言是在面向过程程序语言之后诞生的，是在面向过程的程序语言之上发展起来的。所以，即使在使用面向对象程序语言编程时，也免不了留下面向过程程序设计的特征。例如，在设计一个函数内的函数体时，就是步骤当先，十足的面向过程程序设计思想。这样看来，在比较小的范畴内、或者说程序的微观结构上，面向过程程序设计的方法仍然有效。

本章介绍面向对象程序设计的基本概念、类和类对象（实例）的相关知识与使用方法、类成员的共享与保护机制、面向对象程序设计的特征。

11.1 面向对象程序设计的基本概念

面向对象程序设计是 20 世纪 80 年代发展起来的一种非常实用的程序设计方法。它以客观世界中的“对象”为基础，利用抽象、分类、归纳等方法来构建软件系统。

下面先介绍面向对象程序设计的几个基本概念。

1. 对象

对象是面向对象程序设计的核心，是程序的主要组成部分，一个程序就是一组对象的总和。在现实世界中，人们所面对的任何事物都是由各种对象组成的。任何事物都是对象，可以是有生命的个体，如一个人或一只蝴蝶；也可以是无生命的个体，如一辆汽车或一台计算机；还可以是一个抽象的概念，如天气的变化或一场足球比赛。因此对象就是现实生活中所有事物的一种映射，是一组变量和相关方法的集合，它具有状态和行为。其中变量表明对象的状态，方法表明对象的行为。

每个对象都有其自身的属性和行为。对同一类对象而言其对象的行为是相同的。但每个对象的属性（即状态）却是相对独立的。如改变汽车的车速是任何一辆汽车都具有的行为，但对每辆汽车而言，其颜色、型号等状态是不同的。再如，现实生活中的人都有年龄、身高、体重的改变等相同行为，但每个人又有各自独立的姓名、年龄、身高、体重等状态。面向对象的语言就是把这些状态和行为封装于对象实体之中，并提供一种访问机制，使对象的“私有数据”仅能由这个对象的行为来访问，用户只能通过向允许公开的行为提出要求（发送消息）才能查询和修改对象的状态。

2. 类

在面向对象程序设计中，对象是程序的基本单位，是一种复合数据类型，是程序的基本要素，它封装了一类对象的状态和方法。

相似的对象可以和传统语言中的变量与类型关系一样，归并到一类中去，因而对象是由类创建的，类是同一类型对象（具有相似行为的对象）的集合和抽象，是面向对象语言必须提供的由用户定义的数据类型，它将具有相同状态、行为和访问机制的多个对象抽象成一个类。定义类之后，属于这种类的一个对象称为类实例或类对象。类代表一般，而类的一个对象代表具体，描述了属于该类型的所有对象的性质。如小轿车属于汽车类，存在许多共同点，包括可以进行加速、减速和刹车等操作。因此在面向对象语言中，每个类都是一种对象类型的数据，属于不同类的对象具有不同的数据类型，一个对象被称为其类的一个实例，是该类的一次实例化的结果。对象是在执行过程中由其所属的类动态生成的，一个类可以生成多个不同的对象。如汽车类可以生成小轿车和卡车等不同对象。但每个类的所有对象都具有相同的行为。如汽车类中的各种车都具有刹车和改变速度等相同的行为，同时每个对象的内部状态（即私有属性）却只能由其自身来修改，任何别的对象都不能修改它，因此同一个类的对象虽然都有相同的属性，但其内部的状态却并非一模一样。

3. 消息和方法

前面所提到的汽车类中所有对象都有改变速度这一行为，那么如何实现速度的改变这一行为，这就需要通过传递消息来实现，所谓消息（Message）就是用来请求对象执行某一处理或回答某些信息的要求，消息统一了数据和控制流。当对某一对象进行相应处理时，如果需要，可以通过传递消息请求其他对象完成某些处理工作或回答某些信息。其他对象在执行所要求的处理时，也可以通过传递消息与别的对象联系。因此，程序的执行是靠对象间消息的传递完成的。

将消息的传送方称为发送者，消息的接收方称为接收者。消息中只包含了发送者的要求，告诉接收者需要完成什么样的处理，但并不指示接收者怎样完成这些处理，消息完全由接收者解释，接收者独立决定采取什么样的方式完成所需处理。因此，一个消息应该包括3方面的内容：接收消息的对象；接收对象应采取的方法；方法所需的参数。同时，接收消息的对象在执行完相应方法后，可能会给发送者返回一些信息。例如，老师向学生布置作业："全班同学做习题1"。其中，老师和学生都是对象，"全班同学"是消息的接收者，"做习题"是要求目标对象（学生）执行的方法，"习题1"是要求对象执行方法时所需要的参数。学生也可以向老师返回作业信息。这样，对象之间通过消息机制，建立起了相互关系。由于任何一个对象的所有行为都可以用方法来描述，所以通过消息机制可以完全实现对象之间的交互。

方法（Method）是类的行为属性的总称，是允许作用于该类对象上的各种操作。一个类可以有多种方法，表示该类所具有的功能和操作，通过对象调用类中的方法就可以改变对象域中变量的值。如汽车类具有加速、减速的方法，通过一个对象调用加速方法就可以改变对象中保存当前速度的实例变量的值，即改变状态。

单一对象的存在并没有多大的作用，只有多个对象相互作用才会完成复杂的行为。对象和对象之间就是通过传递消息完成相互通信的。

由此可以看出，世界的万事万物都是由一个个对象组成的，可以把这些对象抽象成类。这些类也就是所研究的数据，要对各种数据进行处理则需要通过类所具有的方法由消息传递实现。

4. 面向对象的基本特征

面向对象程序设计语言有3个基本特征：封装性、继承性和多态性。

（1）封装性。封装性（Encapsulation）是指把对象属性和操作结合在一起，构成独立的单元，它的内部信息对外界是隐蔽的，不允许外界直接存取对象的属性，只能通过有限的接口与对象发生联系。这样，在实现对象本身时，只须考虑如何实现这些需要提供给外部使用的成员方法。在应用或考虑其他对象时，也只须考虑这些对象外在的表现所提供的功能，而不必考虑它们内部的实现机制。这样求解问题的规模就能够通过对象的分解而细分下去，从而使得所需考虑的问题及其求解规模变得越来越小。

（2）继承性。类的继承性（Inheritance）指的是从已有的一个类可以构造新的类，使得新类具有原类的所有特性，并且新类还可以增加一些新的特性。根据继承与被继承的关系，可分为父类和子类，子类可以从父类那里获得所有的属性和方法，并且可以对这些获得的属性和方法加以改造，使之具有自己的特点，这样可以提高代码的复用率。例如，奥迪汽车是汽车类的一个子类，奥迪汽车具备了汽车的所有特性，同时奥迪汽车还有一些自己的特性。

父类表现出的是共性和一般性，子类表现出的是个性和特性，父类的抽象级别高于子类。继承具有传递性，子类又可以派生出下一代孙类，相对于孙类，子类将成为其父类，具有较孙类高的抽象级别。继承反映的是类与类之间抽象级别的不同，使得程序设计人员可以在已有类的基础上定义和实现新类，所以有效地支持了软件组件的复用，使得当需要在系统中增加新特征时所需的新代码最少。

（3）多态性。对象根据接收的消息而做出动作，同样的消息被不同的对象接收时可导致完全不同的行动，这种现象称为多态性（Polymorphism）。多态性机制不仅增加了面向对象软件系统的灵活性，进一步减少了信息冗余，而且显著地提高了软件的可重用性和可扩充性。

11.2 类与实例

我们已经知道：类是一种数据结构，是现实世界中实体的集合，它在程序设计这门学问中以编程形式出现。通过类可以定义实例（类对象），实例又将数据和行为融合在一起。所以，在一门支持面向对象的程序语言中，可以用编程的形式定义类和实例。

11.2.1 类的定义与属性

1. 类的创建

在 Python 语言中，类定义的格式如下：

```
class ClassName(<基类表>) :
    <类的文档串>        # 定义类的文档描述，可省略这一部分
    <类体>              # 用于定义数据、函数等
```

其中，<基类表>是用逗号分隔的一个或多个用于继承的父类的集合。

当创建一个类时，实际上已经创建了一个属于创建者的数据类型。当然这个数据类型比我们以前用过的数据类型（如整数类型、浮点数类型、字符串、列表等）要复杂、抽象一些，但它们都是相似的。这就像：我们以前用的是从供货商那里买来的玩具，而现在我们用的是自己设计并创造的玩具。

类还允许派生，用户可以创建一个子类，它也是类，而且可以从父类中继承其属性和特征。

2. 类的数据属性

类的属性是类的数据或函数，它们不是实例（我们还没有定义实例）的属性。类的属性与实例的属性是两回事。

类的数据属性仅仅是所定义的类中的变量，它们可以像任何其他变量一样在类定义后被使用。但使用是有限制的，通常只能由类中的函数更新，或在主程序中更新。

3. 类的方法（函数）

类的方法是属于类的，它（或它们）被定义在类的类体中。它们只能通过绑定（binding）到实例上使用。例如：

```
>>> class my_class(object) :
...     x = 100
...     y = 200
...     def my_Method_in_my_class(self, a, b) :
...         x = a
...         y = b
...
```

```
>>> print(my_class.x, my_class.y, sep='\t')
100    200
>>> object_test = my_class()
>>> object_test.my_Method_in_my_class(10.1, 20.7)
>>> my_class.my_Method_in_my_class('self',1,4)
```

上面的代码段中，x 和 y 是数据变量；my_Method_in_my_class 是类 my_class 中的方法；object_test 是实例。方法 my_Method_in_my_class 通常只有绑定到实例 object_test 上，才能被调用。

4. 查看类的属性

查看类的属性有两种办法：一是使用内置函数 dir()；二是访问类的字典属性__dict__。例如：

```
>>> dir(my_class)
['__class__', '__delattr__', '__dict__', '__dir__', '__doc__', '__eq__', '__format__', '__ge__', '__getattribute__', '__gt__', '__hash__', '__init__', '__le__', '__lt__', '__module__', '__ne__', '__new__', '__reduce__', '__reduce_ex__', '__repr__', '__setattr__', '__sizeof__', '__str__', '__subclasshook__', '__weakref__', 'my_Method_in_my_class', 'x', 'y']
>>> print(my_class.__dict__)
{'y': 200, 'x': 100, '__module__': '__main__', '__doc__': None, '__dict__': <attribute '__dict__' of 'my_class' objects>, 'my_Method_in_my_class': <function my_class.my_Method_in_my_class at 0x0000000003061510>, '__weakref__': <attribute '__weakref__' of 'my_class' objects>}
```

dir()返回的是列表；__dict__属性返回的是字典。

还有一些特殊的属性，上面可能列出，也可能没有列出，它们可能是用户平时编程想要了解的。如__class__、__name__、__doc__、__bases__、__module__、__dict__等。下面来看看它们的功能。

```
>>> my_class.__class__          # 类对应的类型
<class 'type'>
>>> my_class.__name__           # 类的名字
'my_class'
>>> my_class.__doc__            # 类的文档，上面定义时没指出
>>> my_class.__bases__          # 类的所有父类构成的元组
(<class 'object'>,)
>>> my_class.__module__         # 类所在的模块
'__main__'
```

11.2.2 实例的声明

如果把类的定义视为数据结构的类型定义，那么，实例（instance）就是声明了一个这种类型的变量。

现在是说清楚“对象”一词的时候了。在前面章节中，我们已经理解：在 Python 中，一切皆对象。某个数据是对象，引用这个数据的变量也是对象，上一小节定义的类也是对象，在类这个类型下声明的变量也是对象。这一切都是广义上的对象概念。其实，在某些地方，如现在讲面向对象程序设计，就应该严格区分，类就是类（型），

类下声明的变量就是“类对象”“实例对象”“对象”“实例”。这各种称呼来源于不同的程序语言，似乎“类对象”“实例对象”“实例”三个说法严格一些，理解意义就行，说法由读者自己选择吧。

在 Python 系统中，实例的声明（定义）很简单，就像下面一行命令，调用类 my_class()，创建实例 object_test。

```
>>> object_test = my_class()       # my_class()是前面定义的类
```

这个命令就定义了实例 object_test，同时初始化类。

请注意比较下面的两组概念：x 与 object_test，int 与 my_class。

```
>>> x = 100
>>> type(x)
<class 'int'>
>>> type(object_test)
<class '__main__.my_class'>
>>> type(int)
<class 'type'>
>>> type(my_class)
<class 'type'>
```

11.2.3 构造器方法与解构器方法

下面介绍类定义中的几个特殊方法（函数）：两个构造器方法（__init__()方法和__new__()方法）与__del__()方法（解构器方法）。

1. __init__()方法

__init__()方法是一个构造器方法。默认情况下，系统自动建立一个没有任何操作的特殊的默认的__init__()方法，如果用户自己建立了__init__()方法，将覆盖这个默认的__init__()方法。创建实例时，Python 系统会调用它，实例将作为第一个参数（self）传进去。实际上，调用类时，传递的任何参数都交给了__init__()，可以理解创建实例时，对类的调用实际上是对构造器方法的调用。

通过构造器方法调用可以更新类的数据属性。

例 11.1 使用构造器方法__init__()示例。

程序代码如下：

```
# -*- coding: GB2312 -*-
# ex11-1
# 使用构造器方法: __init__()
class my_class(object) :
    x=100
    y=200
    def __init__(self, a, b) :
        object.__init__(self)
        self.x=a
        self.y=b

object_test = my_class(10.1,20.77)          # 类内方法更新数据属性
print(object_test.x, object_test.y)         # 使用实例访问数据属性
print(my_class.x, my_class.y)               # 使用类名访问数据属性
```

```
my_class.x = 0.0005                              # 主程序中更新数据属性
my_class.y = 0.8877
print(my_class.x, my_class.y)
```

程序运行结果如下：

```
10.1 20.77
100 200
0.0005 0.8877
```

从运行结果看出：使用实例或类名访问数据属性，结果是不一样的。

2. __new__()方法

__new__()方法也是构造器方法。类似__init__()方法，用于不可变内置类型派生。

例 11.2　使用构造器方法__new__()示例。

程序代码如下：

```
# -*- coding: GB2312 -*-
# ex11-2
# 使用构造器方法: __new__()

class my_class(float) :
    x=100.0
    def __new__(self, a) :
        float.__new__(self)
        self.x=round(a,3)

print(my_class.x)
object_test = my_class(10.1234567)       # 类内方法更新数据属性
print(my_class.x)
```

程序运行结果如下：

```
100.0
10.123
```

这个程序中的实例 object_test 没有数据属性。

3. __del__()方法

__del__()方法是一个特殊的解构器方法，其作用是实现 Python 系统的垃圾对象回收机制。因为 Python 系统的垃圾对象回收机制是靠引用计数实现的，所以，下面的示例调用__del__()方法是在删除 a 和 b 之后实施的。

例 11.3　使用解构器方法__del__()示例。

```
# -*- coding: GB2312 -*-
# ex11-3
# 使用解构器方法: __del__()

class my_class(object) :
    def __init__(self) :
        print('初始化操作')
    def __del__(self) :
        print('删除操作')
a = my_class()
b = a
```

```
print(id(a),id(b))
del a
del b
```

程序运行结果如下：

```
初始化操作
50327280 50327280
删除操作
```

11.2.4 实例属性

1. 实例的属性

实例有属性，包括数据对象和方法。

实例的属性与类的属性是两个概念，不是一回事。可能会出现实例的属性与类的属性同名的情况，但不是一个对象。例如：

```
>>> class my_class(object) :
...     x=100
...     y=200
...     def __init__(self, a, b):
...         object.__init__(self)
...         self.x=a
...         self.y=b
...     def sum(self, a=1, b=2) :
...         s=a+b
...         return s
...
>>> c = my_class(10,20)
>>> my_class.x                    # 这是类的数据属性 x
100
>>> c.x                           # 这是实例的数据属性 x
10
>>> id(my_class.x)                # my_class.x 与 c.x 不是一个对象
507106160
>>> id(c.x)
507103280
```

实例可以访问类中的属性，但无法改变类的数据属性。利用构造器方法__init__()可以改变，上面的例子就是构造器方法__init__()设置的结果。这也是从实例的视角看问题，改变了；但从类的视角看，是改变不了的。

如果在构造器方法__init__()中不设置 x 和 y 的值，c.x 取 my_class.x 的值，结果相同。

看来，实例的属性与类的属性之间存在某种联系，它们又不是同一个对象。这也是编程时容易出错的地方。

2. 默认参数问题

在类的定义中，无论是构造器方法__init__()，还是其他方法，其参数都可以使用默认参数。实例声明时，或调用方法时，都可以使用默认参数。例如：

```
>>> class my_class(object) :
...     x=100
...     y=200
```

```
...     def __init__(self, a=1, b=2):
...         object.__init__(self)
...         self.x=a
...         self.y=b
...     def sum(self, a=1, b=2) :
...         s=a+b
...         return s
...
>>> c = my_class()              # 使用默认参数
>>> c.x
1
>>> c.sum()                     # 使用默认参数
3
>>> c.sum(200,300)              # 给定参数
500
```

3. 查看实例属性

同样使用内置函数 dir()和属性__dict__。结果与查看类属性是不一样的。例如（对于上面的类 my_class 和实例 c）：

```
>>> c.__dict__
{'x': 1, 'y': 2}
>>> my_class.__dict__
mappingproxy({'__doc__': None, '__init__': <function my_class.__init__ at 0x0000000003088510>, 'x': 100, 'y': 200, 'sum': <function my_class.sum at 0x0000000003088598>, '__weakref__': <attribute '__weakref__' of 'my_class' objects>, '__module__': '__main__', '__dict__': <attribute '__dict__' of 'my_class' objects>})
```

4. 实例属性与类属性的关系

前面说过了，从类或实例两个不同的视角看问题，类中定义的数据变量的值不同，为什么呢？下面正式讨论这个问题。

类与实例各有自己的名字空间。类属性可以通过类或实例访问，如果通过实例访问某名字，Python 在找名字时，首先找实例名字空间，再找类的名字空间，最后找基类的名字空间；如果在实例名字空间找到名字，而这个名字在类的名字空间中也有，前者有效地“遮蔽”了后者，把类名字空间中的这个名字隐藏起来了，直到实例属性被清除。例如：

```
>>> class C(object) :
...     x = 1.0
...
>>> c = C()
>>> C.x
1.0
>>> c.x
1.0
>>> c.x+=0.5
>>> c.x
1.5
>>> C.x
```

```
1.0
清除 c.x 后:
>>> del c.x          # 清除属性，以上的 c.x 是实例的属性
>>> c.x              # 现在访问的是类的属性
1.0
```

如果想再次清除 c.x，实际上是清除类的属性，而类的属性是静态成员，是做不到的。只能通过“del c.x”实现。

11.3 派生与继承

派生与继承是关于子类的操作。

子类是从父类派生（derivation）出来的类，父类及所有高层类被认为是基类，子类可以继承（inherit）基类的任何属性。

父类是一个定义好了的类，从父类派生出来的子类可以使用其父类的任何属性，还可以增加属性，修改父类的属性使之成为自己的属性，不影响父类的正常使用。

11.3.1 子类的创建（派生）

创建子类的语法与普通类的定义没有区别，其实普通类的定义就是一个子类的定义。

```
class subClassName(<基类表>) :
    <类的文档串>          # 定义类的文档描述，可省略这一部分
    <类体>                # 用于定义数据、函数等
```

其中，<基类表>是用逗号分隔的一个或多个用于继承的父类的集合。如果所定义的类没有父类，直接用 object 做父类。还有一种所谓经典类定义的写法：

```
class <类名> :
    <类的文档串>          # 定义类的文档描述，可省略这一部分
    <类体>                # 用于定义数据、函数等
```

下面通过一个实例体会子类的创建：

```
>>> class Parent(object) :                # 定义父类
...     def parentMethod(self) :
...         print('Calling parent method!')
...
>>> class Children(Parent) :              # 定义子类
...     def ChildrenMethon(self) :
...         print('Calling Children method!')
...
>>> p = Parent()                          # 父类的实例
>>> p.parentMethod()
Calling parent method!
>>> c = Children()                        # 子类的实例
>>> c.ChildrenMethon()                    # 实例调用自己的方法
Calling Children method!
>>> c.parentMethod()                      # 实例调用父类的方法
Calling parent method!
```

上面的代码段中，子类 Children 从父类 Parent 派生，并且实例可以访问自己的方法和父类的方法。

11.3.2 标准类型派生的子类

自从 Python 2.2 开始，Python 系统把类型（type）与类（class）统一起来了，允许从标准类型派生子类。

下面用一个例子来介绍标准类型派生的子类的用法。

如果定义如下子类：

```
>>> class dig_str(str):
...     'dig_str: a subclass with 0,1,2,...,9，数字字符串'
...     def is_dig_str(self, st):
...         if str.isdigit(st) :
...             return dig_str(st)
...         else :
...             return False
...
```

子类 dig_str 是从标准类型 str 派生的，目标是 dig_str 中的字符串是仅有数字的“数字字符串”。在子类 dig_str 中定义了一个函数 is_dig_str()，它调用父类 str 中的函数 isdigit()，对输入参数 st（属于 str 类）进行判断，如果 st 仅是数字形式的字符串，则返回 dig_str 类型的数字字符串；否则，返回 False。

一旦定义子类 dig_str 和子类的实例，二者都可以访问父类 str 的数据属性和函数，包括字符串的运算都继承下来了。例如：

```
>>> d=dig_str()
>>> d.is_dig_str('123')
'123'                                  # 这个串是数字字符串
>>> type(d.is_dig_str('123'))
<class '__main__.dig_str'>
>>> d.is_dig_str('123X')
False
>>> d.__doc__
'dig_str: a subclass with 0,1,2,...,9，数字字符串'
>>> f1 = d.is_dig_str('123')           # 这个串是数字字符串
>>> f2 = d.is_dig_str('456')           # 这个串是数字字符串
>>> f1 = f1+f2                         # 因为没有定义 dig_str 下的运算
>>> f1                                 # 所以，这个串是字符串
'123456'
```

11.3.3 继承

继承是指基类与其派生类之间有属性“遗传”关系。一个子类可以继承它的基类的任何属性。

查看基类或子类的数据属性，要考虑两个视角（通过类还是实例访问数据属性）；使用基类或子类的函数（方法）也要考虑调用是使用类名还是实例名绑定方法。

1. 有些特殊的数据属性是不可继承的

下面通过一个例子介绍数据属性的继承问题。如果定义一个父类和一个子类如下：

```
>>> class Parent(object) :                      # 定义父类
...     'Parent class\'DOC'
...     def __init__(self) :
...         print('Created an instance of ', self.__class__.__name__)
...
>>> class Children(Parent) :                    # 定义子类
...     pass
...
```

读者会通过交互命令看到：子类没有定义构造器方法__init__()，但声明实例 c 时产生了输出提示，这表明子类 Children 继承了父类 Parent 的构造器方法。

```
>>> p = Parent()
Created an instance of  Parent
>>> c = Children()
Created an instance of  Children          # 由继承产生
```

再看下面的交互命令，下面通过实例访问类的 6 个特殊数据属性：

```
>>> c.__class__
<class '__main__.Children'>
>>> c.__dict__
{}
>>> c.__module__
'__main__'
>>> c.__doc__                                   # 没有输出，不能继承
>>> Children.__doc__                            # 没有输出，不能继承
>>> c.__name__
Traceback (most recent call last):
  File "<interactive input>", line 1, in <module>
AttributeError: 'Children' object has no attribute '__name__'
>>> c.__bases__
Traceback (most recent call last):
  File "<interactive input>", line 1, in <module>
AttributeError: 'Children' object has no attribute '__bases__'
```

从上面的测试看出：

（1）子类不能继承父类的文档信息。

（2）实例根本没有数据属性：__name__（仅指类的名字）和__bases__（指所有父类构成的元组）。对于实例来说，不存在这两个概念。

2. 再次讨论类的数据属性__bases__

类的数据属性__bases__只对类有意义。仍然用例子说明问题，如果定义下面 4 个类：

```
>>> class A : pass
...
>>> class B(A) : pass
...
>>> class C(B) : pass
...
```

```
>>> class D(C, B, A) : pass
...
```

则：

```
>>> A.__bases__
(<class 'object'>,)
>>> B.__bases__
(<class '__main__.A'>,)
>>> C.__bases__
(<class '__main__.B'>,)
>>> D.__bases__
(<class '__main__.C'>, <class '__main__.B'>, <class '__main__.A'>)
```

在上面的例子中，某个子类的__bases__属性只显示其父类的名字。但子类 D 有三个父类，三个父类名字都显示了，这是一个多重继承的例子。

3. 父类与子类中有同名方法的问题

当父类与子类中有同名的方法时，子类中的同名方法将自动覆盖（override）父类的同名方法。但父类的同名方法还是可以访问的。例如：

```
>>> class X :
...     def fx(self) :
...         return 'Hello, fx in X.'
...
>>> class Y(X) :                    # Y是X的子类
...     def fx(self) :
...         return 'Hello, fx in Y.'
...
>>> x = X()
>>> y = Y()
>>> x.fx()
'Hello, fx in X.'
>>> y.fx()                          # 调用自己的方法，覆盖父类的同名方法
'Hello, fx in Y.'
```

如果要调用父类的同名方法，使用下面的格式，用类（而不是实例）调用方法，同时指明用子类的实例作参数：

```
>>> X.fx(y)
'Hello, fx in X.'
```

或

```
>>> X.fx('self')
'Hello, fx in X.'
```

看得出来，使用类调用方法，要指出参数 self 对应的实参；而用实例调用方法省略参数 self 对应的实参。

4. 多重继承

多重继承在前面已经出现过了。它是指在 Python 语言中子类可以继承多个基类。多重继承最重要的工作是目前使用的属性是哪个类的，是当前定义的子类，还是哪个基类？此处，笔者还关心多个基类的解析顺序。

解析顺序（Method Resolution Order，MRO）是指：如果有多重继承，显然会出现

数据属性或函数同名的情况，在搜索名字时，使用哪个名字，如果搜索对象的顺序不同，搜索结果是不一样的，这就有一个解析顺序的问题。

对于 Python 2.2 及以前的版本，Python 语言采用深度优先算法，在基类的列表中从左至右搜索，取第一个搜索到的名字。从 Python 2.3 版后，采用广度优先算法。

11.4 重　　载

通常重载（overload）包括函数重载和运算符重载。

在 Python 语言中，函数的重载没有必要考虑参数类型不同的情况，因为 Python 语言函数的形参没有类型。而参数个数的不同是通过指出或不指出默认参数的形式表达，这在 Python 系统的帮助文本中经常看到。例如：

```
print(value, ..., sep=' ', end='\n', file=sys.stdout, flush=False)
```

所以在每次使用 print()函数时，参数的个数可以不同。

在 Python 语言中，可以通过对运算符进行重载来实现对象的运算。这是这一节要讨论的问题。

例 11.4　在坐标系统中，用(x,y)表示一个坐标点，这个坐标点可以视为有两个值的向量。两个坐标点相减是两点之间的距离。实现这个向量的类 V，在类中实现加法、减法、求一个点相对坐标原点的距离、输出。

程序代码如下：

```
# -*- coding: GB2312 -*-
# ex11-4 运算符重载实例
from math import *
class V(object) :
    '''
        运算符重载实例，类中实现：
        +、-、输出、距离分别用下面的函数实现重载。
        __add__()、__sub__()、__str__()、get_distance()
    '''
    def __init__(self, x=0.0, y=0.0) :
        (self.x, self.y)=(x,y)
    def __add__(self, other) :
        z =V()
        z.x=self.x+other.x
        z.y=self.y+other.y
        return z
    def __sub__(self,other) :
        z =V()
        z.x=self.x-other.x
        z.y=self.y-other.y
        return z
    def __str__(self) :
        return '(%s, %s)'% (self.x, self.y)
    def get_distance(self) :
        return sqrt(self.x**2+self.y**2)
v0 = V()                            # 坐标原点
```

```
v1 = V(1,2)              # 坐标点(1,2)
v2 = V(3,4)              # 坐标点(3,4)
v3 = v1+v2
v4 = v1-v2               # 坐标点 v1 到 v2 的距离
print(v0,v1,v2,v3,v4,sep='\t')
print(v3.get_distance(),v4.get_distance(),sep='\t')
```

程序运行结果如下：

```
(0.0, 0.0) (1, 2) (3, 4) (4, 6) (-2, -2)
7.211102550927978  2.8284271247461903
```

11.5 类、实例可用的内置函数

下面介绍类或实例可用的常用内置函数。这些函数将帮助用户明确类与类之间的关系，确定将要访问的属性。

1. issubclass()

issubclass()函数的调用格式：

```
issubclass(<子类>, <父类>)
```

issubclass()函数判断<子类>是否是<父类>的子类，如果是，返回 True，否则返回 False。

issubclass()函数允许一个不严格的子类，即一个类是自身的子类；或者<子类>是<父类>经过多级派生下来的子类，函数仍然返回 True。所谓严格子类是<子类>直接从<父类>派生。

issubclass()函数的第二个参数还可以是父类组成的元组，只要子类是元组中任何候选类的子类，则函数返回 True。

例如：

```
>>> class A: pass
...
>>> class B(A):
...     pass
...
>>> class C(B):
...     pass
...
>>> issubclass(C,A)
True
>>> issubclass(C,(B,A))
True
>>> issubclass(C,C)
True
```

2. isinstance()

isinstance()函数判断一个实例是否为一个类的实例。语法格式：

```
isinstance(<实例>, <类>)
```

如果<实例>是<类>的实例，或者是<类>的子类的实例，返回 True，否则返回 False。

例如：

```
>>> class A: pass
...
>>> class B(A):
...     pass
...
>>> class C(B):
...     pass
...
>>> c = C()
>>> isinstance(c,C)
True
>>> isinstance(c,A)
True
```

3. dir()

dir()函数列出对象的属性。这个函数可以用于许多地方：

```
dir():          #  列出当前程序显示全局变量的名字
dir(<实例>):    #  列出<实例>所在的类和基类中定义的方法和数据属性
dir(<类>):      #  列出<类>及它的所有基类的__dict__中的内容
dir(<模块名>):  #  列出<模块名>指定的模块的__dict__中的内容
```

4. vars()

语法格式：

```
vars([<对象>])
```

vars()函数返回指定对象的__dict__中的内容，是一个字典。如果没有指定对象，显示局部名字空间字典，这时相当于 locals()函数。

例如：

```
>>> class ABC :
...     pass
...
>>> a = ABC()
>>> vars(a)
{}
>>> a.xyz = 100
>>> a.aaa ='Python'
>>> vars(a)
{'xyz': 100, 'aaa': 'Python'}
```

5. super()

语法格式：

```
super(type, obj=None)
```

其中，type 是一个类，所以 super()函数返回的是此 type 的父类（super 类）。如果没有指定 obj，则返回的 super 类是非绑定的。如果指定了 obj，分两种情况：当 obj 是实例时，则要求 isinstance(obj,type)为 True；当 obj 是类时，则要求 issubclass(obj,type)为 True。指定了 obj，super()函数返回的是绑定的 super 类。例如：

```
>>> class X: pass
...
>>> class Y(X): pass
...
>>> class Z(object): pass
...
>>> y = Y()
>>> super(Y)
<super: <class 'Y'>, NULL>
>>> type(super(Y))
<class 'super'>
>>> super(Y,y)
<super: <class 'Y'>, <Y object>>
>>> super(X,y)
<super: <class 'X'>, <Y object>>
>>> super(Z,y)
Traceback (most recent call last):
  File "<interactive input>", line 1, in <module>
TypeError: super(type, obj): obj must be an instance or subtype of type
```

6. hasattr()、getattr()、setattr()和 delattr()

这四个函数可用于各种对象，包括类与实例。它们的语法格式各自如下：

```
hasattr(obj, attr)
```

hasattr()函数用于检查对象 obj 是否具有属性 attr。如果有则函数返回 True，否则，返回 False。

```
getattr(obj, attr[, default])
```

getattr()函数用于获取对象 obj 的属性 attr，与 obj.attr 类似。如果 attr 不是 obj 的属性，如果提供了默认值 default，则返回默认值 default；否则，引发 AttributeError 异常。

```
setattr(obj, attr, val)
```

setattr()函数用于设置对象 obj 的属性 attr，与 obj.attr=val 类似。如果 attr 不是 obj 的属性，设置属性；如果是，替换原属性值。

```
delattr(obj, attr)
```

delattr()函数从对象 obj 中删除属性 attr，类似于"del obj.attr"。

注意：四个函数中出现的属性 attr 均用字符串形式表达。

例如：

```
>>> class X(object):
...     def __init__(self) :
...         self.xyz=123
...         self.s='Hello'
...
>>> x = X()
>>> hasattr(X,'s')          # X没有这个属性
False
>>> hasattr(x,'s')
```

```
True
>>> vars(x)
{'xyz': 123, 's': 'Hello'}
>>> getattr(x, 'xyz')
123
>>> setattr(x, 'xyz', 7)
>>> getattr(x,'xyz')
7
>>> delattr(x,'xyz')
>>> vars(x)
{'s': 'Hello'}
```

小　结

本章介绍了面向对象程序设计的基本概念、Python 语言中类与实例的定义、类与实例的属性、派生与继承、重载、可用的内置函数。

在 Python 语言中，上面提及的概念与其他程序设计语言有明显的不同，例如，在其他面向对象的语言中，类是没有属性的；而在 Python 语言中，类是具有属性的。另外，在其他语言中，访问类中的数据对象受到了不同程度的保护，使用访问控制符 public、protected、private、friend 等实现；而在 Python 语言中，尽管有一定的封装保护，但保护远弱于其他语言。在重载问题上，也有较大的区别。

面向对象程序设计方法与面向过程程序设计方法有较大的区别，读者应从实践中细细体会：①面向对象方法将面向过程方法中数据与代码独立格局改变了，而是将数据与代码统一成类，实现封装与保护，不同类的数据与代码之间的访问受到了限制。②派生与继承特性让类与类之间实现了代码的共享、重用，提高了程序的开发效率。

习　题

一、判断题

1. 面向对象程序语言的三个基本特征是：封装、继承与多态。（　）
2. 构造器方法__init__()是 Python 语言的构造函数。（　）
3. 在 Python 语言的面向对象程序中，属性有两种，类属性和实例属性，它们分别通过类和实例访问。（　）
4. 使用实例或类名访问类的数据属性时，结果不一样。（　）
5. 解构器方法__del__()是 Python 语言的析构函数。（　）
6. 在 Python 语言中，运算符是可以重载的。（　）
7. 子类只能从一个基类继承。（　）
8. 在 Python 语言中，函数重载只考虑参数个数不同的情况。（　）
9. 在 Python 语言中，子类中的同名方法将自动覆盖父类的同名方法。（　）
10. 用户自己可以定义构造器方法__init__()，它将取代系统自动定义的构造器方法__init__()。（　）

11. Python 语言类中定义的函数会有一个名为 self 的参数，调用函数时，不传实参给 self，所以，调用函数的实参个数比函数的形参个数少 1。 （ ）

二、编程题

定义一个学生类 student，类中有两个数据属性和两个函数（功能自定）；定义一个研究生类 graduate_student，它是从 student 类继承，graduate_student 类可有自己的数据属性和函数。主程序通过访问两个类中的数据属性和函数表达继承特征。

第 12 章

图形用户界面编程 «‹

现代操作系统主要是图形用户界面（Graphical User Interface, GUI）的系统。这种结构的操作系统提供给人们一个直观的图形界面，人们使用计算机的方式由原来的命令方式变成了对准要操作的对象点击鼠标或触摸显示屏，这显然降低了人们使用计算机的门槛，提高了计算机使用效率。图形用户界面有时又称图形用户接口。

相应地，程序语言也同步进入了图形用户界面时代，多数程序语言除了保留面向过程的程序设计风格，增加了面向对象程序设计方式，开发了支持 GUI 的程序库。当然，Python 语言也不例外。

12.1 常用 GUI 模块介绍

Python 语言是一个开源的语言，它的 GUI 模块有的是自带的，如 tkinter，有的是第三方软件，如 wxPython、Jython、IronPython 等。

1. tkinter

tkinter 是 Python 语言配置的标准 GUI 库。tkinter 适应于 Windows、Linux、UNIX、Macintosh 等多种操作系统。tkinter 用起来非常简单，适用于一些小型程序的开发，而且开发效率比较高。Python 的 IDLE 就是用 tkinter 开发的。

2. wxPython

wxPython 是近年来开发的比较流行的支持 GUI 的跨平台模块。其功能强于 tkinter，采用面向对象编程风格，有类似于 MFC 的框架结构，适合一些较大型程序的开发。对于熟悉 C++的程序员，可以选择 wxPython。但只支持 Python 2.X。

3. Jython

Jython 是一个基于 Java 的 Python 开发环境。对于熟悉 Java 的程序员是一个不错的选择。

4. IronPython

IronPython 适应 .NET 应用程序的开发，它支持标准的 Python 模块。

5. 其他模块

之所以加入其他模块，是想告诉读者，除了上述四种常用的 GUI 模块，实际上还有不少支持 GUI 的模块，也许它们有自己的特点、长处。笔者目睹过有人用 graphics.py 模块开发 GUI 程序。

有一个值得试用一下的开发环境：Boa-constructor，它本身是一个图形用户界面程序，让用户在设计程序时，使用图形用户界面工作，可惜它只支持 Python 2.X。

12.2 tkinter 模块

选择 tkinter 模块作为 Python 语言的 GUI 程序开发模块，是因 tkinter 模块为 Python 的标准 GUI 库。任何第三方平台都可能与 Python 语言本身有匹配、兼容的问题，当然也可能不存在这样的问题。选择什么样的模块始终是程序员自己的事情，笔者在本章仅用 tkinter 模块介绍图形用户界面编程的基本方法。

12.2.1 使用 tkinter 编程的基本步骤

要创建并运行一个 GUI 程序，下面的五个步骤是必需的：

（1）导入 tkinter 模块（import tkinter 或者 from tkinter import *）。

（2）创建一个顶层窗口对象，用于容纳 GUI 程序的所有可能的组件（widget），例如：

```
>>> top = tkinter.Tk()
```

Tk 是模块 tkinter 的类，top 是 Tk 的实例。GUI 程序的其他事件（或者说其他功能）都是在 top 内实现。

（3）在顶层窗口对象内创建所有 GUI 程序的功能。这些由其他组件实现，例如标签、按钮、输入框、菜单、滚动条等。下面以标签为例说明创建一个简单显示信息的功能，标签是最简单的组件，用于显示信息：

```
>>> label1 = tkinter.Label(top, text='First Application for tkinter!')
```

这里，label1 是类 Label 的实例，整个交互命令实现在 top 内显示一行文字。label1 的第一个参数是父窗口 top，第二个参数是 text 属性，用于指定文字内容。

（4）建立 GUI 模块与程序代码的连接。这由 pack()方法实现。pack()方法只是组件在窗口中布局的一种方法。例如，对于上面要显示一行文字的标签类实例 label1，使用如下交互命令：

```
>>> label1.pack()
```

（5）进入主事件循环。由下面的交互命令实现：

```
>>> top.mainloop()
```

进入主事件循环表达了 GUI 程序的运行机制，或者说是面向对象程序的运行机制，也就是事件驱动机制。只有窗口内对象处于循环等待状态，才能由某个事件引发窗口内对象（如实例对象 label1）完成某种功能。

如果将上面五个步骤中的交互命令按顺序合成，就组成了一个程序。下面将这个程序作为本章的第一个例子。

例 12.1 第一个 GUI 程序示例。

程序代码如下：

```
import tkinter
top = tkinter.Tk()
label1 = tkinter.Label(top, text='First Application for tkinter!')
```

```
label1.pack()
top.mainloop()
```

这个程序运行的结果如图 12-1 所示。

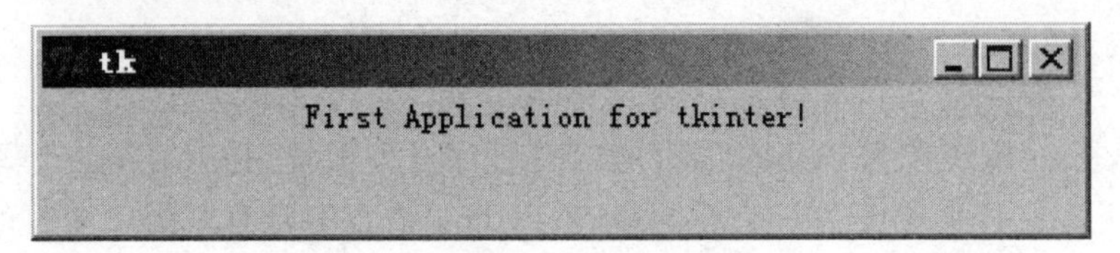

图 12-1　第一个 GUI 程序示例

下面对例 12.1 的程序做进一步说明：

类 Tk 的实例 top 是最上层组件，其他组件放在 top 内，所以 top 是一个容器组件。类 Label 的实例 label1 用于显示一行文字，它放在 top 内。label1 的显示动作依靠方法 label1.pack()布局、依靠方法 top.mainloop()实现主事件循环而驱动。

12.2.2　tkinter 组件

Python 的 tkinter 模块提供了许多组件用于实现 GUI 编程，不同的 tkinter 版本给出的所谓核心组件个数可能不同。可用 help(tkinter)命令查阅 tkinter 的版本，笔者使用的是 8.5 版。tkinter 8.5 版提供 18 个核心组件（Tk 和 Toplevel 两个顶级组件除外），它们是：Button、Canvas、Checkbutton、Entry、Frame、Label、LabelFrame、Listbox、Menu、Menubutton、Message、OptionMenu、PanedWindow、Radiobutton、Scale、Scrollbar、Spinbox、Text。

下面分别简单描述各个组件的功能，让读者对组件有一个初步了解。

1. Button

按钮，用户按下、释放、鼠标掠过按钮，以及键盘操作或其他事件都会引发按钮响应事件，完成要求的功能。

2. Canvas

画布，提供绘图功能（直线、椭圆、多边形、矩形等），可以包含图像或位图。

3. Checkbutton

选择按钮，一组方框内可供选择其中的任意个数的按钮（类似网页中的 checkbox）。

4. Entry

输入框（文本框，单行文字域），用来接收键盘输入的数据（类似网页中的 text）。

5. Frame

框架，包含其他组件的纯容器组件。

6. Label

标签，用来显示文字或图形。

7. LabelFrame

标签框架，类似框架，也是一个容器，其内可放置其他组件，它是矩形区域，但在矩形区域的边线上可显示标签。

8．Listbox

列表框，一个选项列表，用户可以从中选择某一选项。

9．Menu

菜单，按下菜单按钮后弹出的一个选项列表，用户可以从中选择一项选项。

10．Menubutton

菜单按钮，用来包含菜单的组件（有下拉式、层叠式等）。

11．Message

消息框，类似于标签，但可以显示多行文本数据。

12．OptionMenu

选项菜单，以下拉式选项形式提供给用户一个固定的选择项集合。

13．PanedWindow

窗格组件，它是一个空间管理组件，与 Frame 类似，为组件提供一个框架，但 PanedWindow 会为每个子组件生成一个独立的窗格，而且用户可以自由调整窗格的大小。

14．Radiobutton

单选按钮，一组按钮，其中只有一个按钮可被选中（类似网页中的 radio）。

15．Scale

进度条，线性“滑块”组件，可设定起始值和结束值，会显示当前位置的精确值。

16．Scrollbar

滚动条，对其支持的组件（如输入框、文本域、画布、列表框等）提供滚动功能。

17．Spinbox

轮转框，它允许用户从给定的一组数值或一组固定的字符串中选择一个值。值的转换依靠两个箭头按钮，显示区域显示当前值。

18．Text

文本域，多行文字区域，可用来接收（或显示）用户输入的文字信息（类似网页中的 textarea）。

最后说一下 Toplevel，它是一个独立的顶级窗口容器。

各个组件都有相应的类，可以通过面向对象的编程方式去访问、使用它们。

这些组件的使用也很相似，在实例化这些组件的时候，第一个参数是父窗口或者父组件，后面的参数是该组件的一些属性，例如例 12.1 中的 Label 的 text 属性。

多个组件的位置控制方式也很相似，可以如例 12.1 中用 pack()方法进行简单的布局，当然还可以用 grid()或 place()方法进行布局，推荐使用 grid()方法进行组件在窗口中的布局。

12.2.3 标准属性

下面描述所有组件可能用到的公共属性。

1. 关于尺寸度量问题

涉及度量问题的属性可以使用不同的度量单位，如果属性中给出整数，表示以像素点为单位，否则，可以厘米（c）、英尺（i）、毫米（m）和打印机的打印点（p，大约是 1/72 英尺）为单位。

2. 关于坐标系统问题

涉及坐标系统问题时，左上角为坐标原点，从左往右延伸为 *X* 轴，从上往下延伸为 *Y* 轴。如果使用像素表达坐标，原点坐标为(0,0)。当然可以使用其他度量单位表达坐标。

3. 颜色

在 tkinter 中，可用两种方法表示颜色。

最基本的方法是用十六进制数表示颜色：

```
#rgb            #  每种颜色 4 位十六进制数
#rrggbb         #  每种颜色 8 位十六进制数
#rrrgggbbb      #  每种颜色 12 位十六进制数
```

例如：'#fff'是白色、'#000000'是黑色、'#fff000000'是红色、'#00ffff'是青色（蓝绿色）。

还可以用标准颜色表达，如'white'、'black'、'red'、'green'、'blue'、'yellow'等表示。但与用户本地安装的系统有关。

4. 字体字号

（1）用一个元组描述字体字号：

```
(<字体>,<字号>[,<修饰符>])
```

其中，<字号>是正数表示点数，负数表示像素；<修饰符>可以是：bold、italic、underline、overstrike。例如，('Times', '24', 'bold italic')表示 24 点的 Times bold italic。

（2）创建字体对象：

```
import tkFont
font = tkFont.Font(option, ...)
```

选项 option 可以是：

```
family          #  字符串形式的字体名
size            #  整数表示的字体高度，正数为点，负数为像素
weight          #  'normal'表示正常字体；'bold'表示粗体
slant           #  'italic'表示斜体；'roman'表示非斜体
underline       #  0 表示正常；1 表示文本有下画线
overstrike      #  0 表示正常；1 表示文本有重复打印
```

（3）使用系统的字体字号。这会用到下面一些函数：

```
tkFont.families()
actual(option=None)
cget(option)
config(option, ...)
copy()
measure(text)
metrics(option)
```

5. 锚点

在 tkinter 中，布局组件时，需要指明位置，锚点（anchor）作为选项可用于指明位置，锚点的值可取'center'、'nw'、'n'、'ne'、'e'、'se'、's'、'sw'、'w'。这些值就像指南针的方向。如果使用选项“anchor='se'”表示组件将被置于东南方向（底部右方），而“anchor='s'”表示底部边缘。

6. 组件风格（3-D 效果）

对组件的边缘施加一些变化，可以让组件产生不同的组件风格。组件的选项可以设置为：

```
relief= 'flat'|'raised'|'sunken'|'groove'|'ridge'|'solid'
```

这 6 个参数的意义用图 12-2 表示（以按钮为例）。

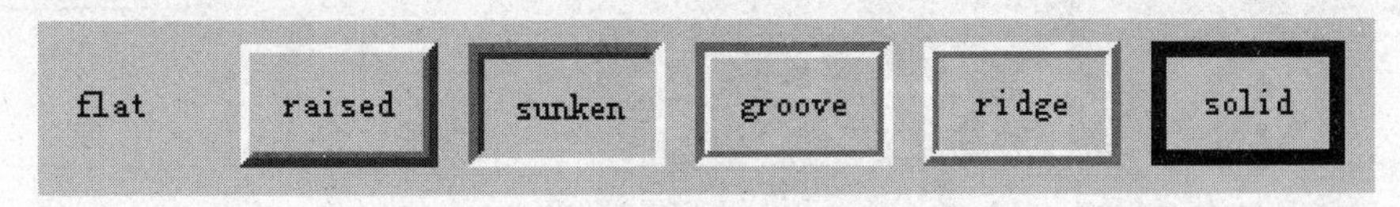

图 12-2 各种按钮风格

组件边缘的宽度由 borderwidth 指定。默认值是 2 个像素点，图 12-2 中是 5 个点。

7. 位图

组件中可以使用位图选项。位图选项有两种方式。

（1）如图 12-3 所示的图标可作位图选项，每个图标的名字（从左至右）是：'error'、'gray75'、'gray50'、'gray25'、'gray12'、'hourglass'、'info'、'questhead'、'question'和'warning'。

图 12-3 位图选项图标

（2）直接使用 .XBM 文件名。

例 12.2 将位图图标显示在按钮上。程序代码如下：

```
import tkinter
top = tkinter.Tk()
x = tkinter.BitmapImage('question')
tkinter.Button(bitmap=x,height=40,width=100,foreground='red').grid()
top.mainloop()
```

程序运行结果如图 12-4 所示。

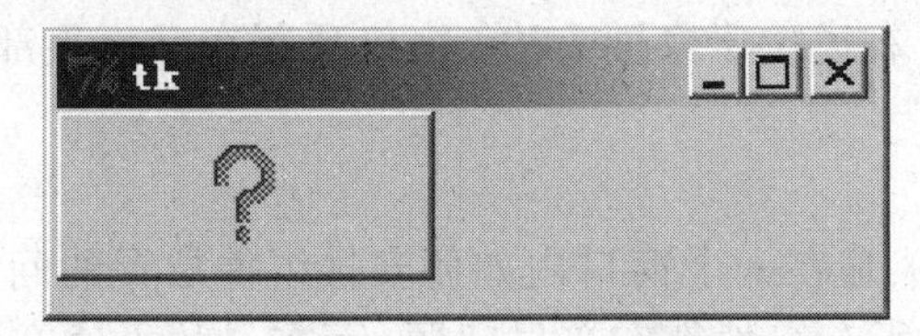

图 12-4 例 12.2 运行结果

8．图像

在 tkinter 系统中，图像可用于组件中显示，图像可以是.XBM 格式的黑白位图，或者是.gif、.pgm、.ppm 格式的彩色图像。

例 12.3 将一幅图像显示在标签上。程序代码如下：

```
import tkinter
top = tkinter.Tk()
x = tkinter.PhotoImage(file='csu.gif')
tkinter.Label(image=x,height=60,width=300).grid()
top.mainloop()
```

程序运行结果如图 12-5 所示。

图 12-5 例 12.3 运行结果

9．光标

光标的形状有许多样子。在 tkinter 系统中，每个图样都给定了一个名字，下面列举几个，例如：

'arrow'	'man'
'pencil'	'top_left_arrow'

共有几十个。此处不一一列举，感兴趣的读者查阅有关手册。

组件的选项 cursor 用下面的形式表达：

```
cursor='arrow'
```

10．几何描述串

几何描述串是一个字符串，用来描述顶级窗口的位置与大小。它的一般形式如下：

```
'wxh±x±y'
```

其中，w 和 h 是以像素表达的窗口宽度和高度，二者之间的字符 x 是这两个数据的分隔符；如果几何描述串的第二部分是+x 样式，x 表明是窗口左边离桌面左边的像素点，如果是-x 样式，x 表明是窗口右边离桌面右边的像素点。如果几何描述串的第三部分是+y 样式，y 是窗口顶部离桌面顶部的像素点，如果是-y 样式，y 表明是窗口底部离桌面底部的像素点。

例如，一个窗口的几何描述串写为：geometry('200x100-0+20')，是指窗口大小是 200x100，位置是：窗口右边位于桌面右边，窗口顶部在桌面顶部 20 个像素点的位置。

12.2.4 组件布局

组件布局（layout）是在一个窗口内如何安排组件位置的问题。

在 tkinter 系统中，所有组件都有布局问题，而布局的方法有三种：一是使用 pack() 函数布局；二是 grid 布局；三是 place 布局。

1. pack布局

pack 布局是一种根据组件创建生成的顺序向父组件添加子组件。如果不指定pack()函数的参数，默认在父组件中自顶向下添加子组件，pack()函数会给子组件一个自认为合适的位置和大小。

pack布局就是调用pack()函数，形式如下：

```
<子组件>.pack(option, ...)
```

pack()函数接受的参数：

side参数指定了组件置于哪个方向，可以为'left'、'top'、'right'、'bottom'，分别代表左、上、右、下。默认值是'top'。

fill参数可以是'x'、'y'、'both'和'none'，表示水平方向填充，垂直方向填充，水平和垂直两个方向填充和不填充。当属性 side='top'或'bottom'时，填充 x 方向；当属性side='left'或'right'时，填充y方向；当expand选项为'yes'时，填充父组件的剩余空间。

expand参数可以是yes和no。当值为'yes'时，side选项无效。组件显示在父组件中心位置；若fill选项为'both'，则填充父组件的剩余空间。默认值为'no'。

anchor参数表示对齐方式，可取值是：'n'（顶对齐）、'w'（左对齐）、's'（底对齐）、'e'（右对齐）、'nw'、'sw'、'ne'、'se'、'center'。默认值为'center'。

ipadx、ipady 参数是组件内部在 x(y)方向上填充的空间大小，默认单位为像素，可选单位为c（厘米）、m（毫米）、i（英寸）、p（打印机的打印点，即1/27英寸），用法为在值后加上一个单位后缀。有了单位后缀要加引号，如'10c'、'10m'、'10i'、'10p'。

padx、pady参数是组件外部在 x(y)方向上填充的空间大小，默认单位为像素，可选单位为c（厘米）、m（毫米）、i（英寸）、p（打印机的打印点，即1/27英寸），用法为在值后加上一个单位后缀。有了单位后缀要加引号，如'10c'、'10m'、'10i'、'10p'。

注意：side、fill和expand三个参数是相互影响的。另外，参数是可以大写的。

尽管我们还没有正式介绍组件，下面仍以按钮为例介绍多个按钮组件在窗口中的布局。

例12.4　多个按钮在窗口中的布局。

```
# -*- coding: GB2312 -*-
# ex12_4 pack布局示例
import tkinter
top = tkinter.Tk()
top.geometry('300x100+0+0')        # 指定主窗口的大小
tkinter.Button(top, text='A').pack(side='left',fill='both')
tkinter.Button(top, text='B').pack(side='left',fill='both',\
   padx=5,pady=3)
tkinter.Button(top, text='CXXX').pack(side='left',fill='x',\
   expand='yes',anchor='s')
tkinter.Button(top, text='DXXX').pack(side='left',anchor='se')
top.mainloop()
```

程序运行结果如图12-6所示。

图 12-6　例 12.4 运行结果

2. grid 布局

grid 布局是在父组件内使用 grid()函数以网格的方式布局。

grid 布局采用行列确定位置，行列交汇处为一个单元格。可以连接若干个单元格为一个更大空间，这一操作被称作跨越，创建跨越的单元格必须相临。

grid 布局就是调用 grid()函数，形式如下：

```
<子组件>.grid(option, ...)
```

grid()函数的主要参数是 row 和 column，分别表示子组件所置单元格的行与列号（网格编号，默认值为 0）。

其他参数有：

sticky 参数决定子组件紧靠所在单元格的某一边。可取值是：'n'、'w'、's'、'e'、'nw'、'sw'、'ne'、'se'、'center'。默认值为'center'。

rowspan、columnspan 参数表示从子组件所置单元格算起在行、列方向上的跨度。

ipadx、ipady 参数是组件内部在 x(y)方向上填充的空间大小，默认单位为像素，可选单位为 c（厘米）、m（毫米）、i（英寸）、p（打印机的打印点，即 1/27 英寸），用法为在值后加上一个单位后缀。有了单位后缀要加引号，如'10c'、'10m'、'10i'、'10p'。

padx、pady 参数是组件外部在 x(y)方向上填充的空间大小，默认单位为像素，可选单位为 c（厘米）、m（毫米）、i（英寸）、p（打印机的打印点，即 1/27 英寸），用法为在值后加上一个单位后缀。有了单位后缀要加引号，如'10c'、'10m'、'10i'、'10p'。

grid 布局是比较优秀的布局方法，也是系统推荐的方法。

例 12.5　多个按钮在窗口中的布局 2（grid 布局）。

```
# -*- coding: GB2312 -*-
# ex12-5 grid布局示例
import tkinter
top = tkinter.Tk()
top.geometry('300x100+0+0')          # 指定主窗口的大小
tkinter.Button(top, text='A').grid(row=0,column=0,\
   padx=10,pady='3p')
tkinter.Button(top, text='BXXX').grid(row=1,column=1)
tkinter.Button(top, text='CXXX').grid(row=1,column=2)
tkinter.Button(top, text='DXXX').grid(row=1,column=3)
tkinter.Button(top, text='EXXX').grid(row=2,column=3)
tkinter.Button(top, text='GXXX').grid(row=1,column=1,\
```

```
    rowspan=3,columnspan=3,sticky='sw')
top.mainloop()
```

程序运行结果如图 12-7 所示。

图 12-7 例 12.5 运行结果

3. place 布局

place 布局是直接使用位置坐标来布局。笔者省去这种布局方法。

12.2.5 主窗口的属性

在介绍组件之前，先介绍一下主窗口要用到的几个主要属性。

1. 设置主窗口标题

使用 wm_title()函数设置标题。

```
>>> import tkinter
>>> top = tkinter.Tk()
>>> top.wm_title('Title for this Window')
```

2. 定义主窗口尺寸

使用 geometry()函数定义主窗口尺寸。

```
>>> top.geometry('500x50+0+0')
```

12.3 标签组件

从本节开始，将介绍一些常用的基本组件。在这些基本组件中，标签组件是最简单的组件。

标签组件的格式：

```
label = tkinter.Label(parent, option, ...)
```

语句功能是在窗口中或父组件中适当位置显示信息，信息包括文本和图像。

标签组件可用的选项如表 12-1 所示。

表 12-1 标签组件可用的选项

选项	参数描述
text	设置标签上的文本内容，可以多行，用'\n'分隔
height	标签的行数（不是像素），不指定，标签适应文本内容
width	标签的字符个数（不是像素），不指定，标签适应文本内容
anchor	控制文本在组件中的位置，默认值是'center'

续表

选　项	参 数 描 述
relief	指出组件的风格，默认值是'flat'
font	指出文本的字体字号
bg or background	组件背景颜色
fg or foreground	组件前景颜色
cursor	指出鼠标形状
bitmap	在组件上显示位图
image	在组件上显示图像
compound	在组件上显示文本和图像，指示图的位置，值可以是：'center'、'left'、'right'、'bottom'、'top'等，如果是'bottom'，表示图在下面
takefocus	设置焦点，通常不放在标签上，takefocus=1 | 0
textvariable	设置文本变量
highlightcolor	组件有焦点时的颜色
activebackground	鼠标位于组件上方时，显示组件背景颜色
activeforeground	鼠标位于组件上方时，显示组件前景颜色

标签组件没有专门的方法，只能使用公用方法。

例 12.6　标签应用实例。

程序代码：

```
# -*- coding: GB2312 -*-
# ex12-6 Label 示例
import tkinter
top = tkinter.Tk()
top.geometry('300x100+0+0')     # 指定主窗口的大小
top.wm_title('Label')
label1=tkinter.Label(top, text='Abcd\n 中南大学',\
   height=4,width=20,relief='ridge',\
   bg='#ffffff',fg='#ff0000',anchor='se',\
   cursor='man',font='华文新魏')
x = tkinter.PhotoImage(file='csu.gif')
label2=tkinter.Label(top, image=x,height=80,width=240,\
   relief='ridge')
label1.grid(row=0,column=0,sticky='s')
label2.grid(row=0,column=1)
top.mainloop()
```

程序运行结果如图 12-8 所示。

图 12-8　例 12.6 的运行结果

12.4 按　钮

1. 创建按钮

创建按钮组件的格式：

```
b = tkinter.Button(parent, option, ...)
```

其中，语句功能是在窗口中或父组件中适当位置创建一个按钮组件。

2. 可用选项

按钮组件的选项如表 12-2 所示。

表 12-2　按钮组件选项

选　项	参数描述
command	当按钮被按下时，给出的函数或方法被调用
text	按钮上的文本内容
bitmap	显示在按钮上代替文本的二值图像的名字
image	显示在按钮上的图像名字
height	按钮高度，按钮上显示文本用行数表达，图像用像素表达
width	按钮宽度，按钮上显示文本用字符个数表达，图像用像素表达
default	默认值为'normal'，如果值为'disabled'，表示按钮不响应单击
anchor	控制文本在组件中的位置，默认值为'center'
relief	指出组件的风格，默认值为'raised'
font	指出文本的字体字号
bg or background	组件背景颜色
fg or foreground	组件上文本前景颜色
bd or borderwidth	按钮边缘的宽度，默认值为 2 个像素点宽
cursor	指出鼠标形状
takefocus	设置焦点， takefocus = 1 | 0，空格键等效单击按钮被按下
state	可设置为：active（活跃）、disabled（灰色，不响应）、normal（默认值）
highlightbackground	组件没有焦点时的高亮度背景颜色
highlightcolor	组件有焦点时的高亮度颜色
textvariable	设置文本变量
highlightcolor	组件有焦点时的颜色
underline	文本的下画线，underline=-1（默认值），没有下画线，正值，有下画线
activebackground	鼠标位于组件上方时，显示组件背景颜色
activeforeground	鼠标位于组件上方时，显示组件前景颜色

3. 可用函数与方法

按钮组件有两个方法：flash()方法和 invoke()。

4. 实例

例 12.7　按钮应用实例。程序中定义了两个按钮，单击任何一个按钮都会产生相应的信息。

```
# -*- coding: GB2312 -*-
# ex12_7 Button 示例
i ,j= -1, -1
import tkinter
top = tkinter.Tk()
top.geometry('400x100+0+0')    # 指定主窗口的大小
top.wm_title('Button Exam')    # 指定标题栏内容
def test_b1():
    global top, i              # 全局变量
    i= i+1
    label1 = tkinter.Label(top, text='Hello,B1')
    label1.grid(row=1, column=i, padx=5, pady=5)

def test_b2():
    global top, j              # 全局变量
    j= j+1
    label2 = tkinter.Label(top, text='Hello,B2')
    label2.grid(row=2, column=j, padx=5, pady=5)

b1 = tkinter.Button(top, text='B1', height=2,\
    width=12, borderwidth=5, command=test_b1)
b2 = tkinter.Button(top, text='B2', height=2,\
    width=12, borderwidth=5, command=test_b2)
b1.grid(row=0, column=0, padx=5, pady=5)
b2.grid(row=0, column=1, padx=5, pady=5)
top.mainloop()
```

程序运行结果如图 12-9 所示（图中的输出是分别单击每个按钮 4 次）。

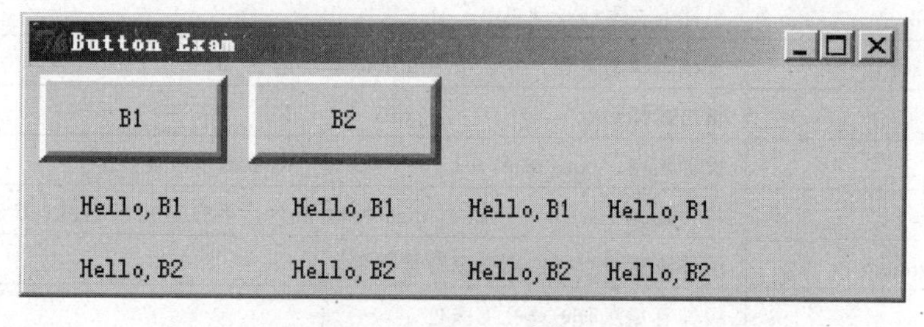

图 12-9　例 12.7 的运行结果

其实，在例 12.7 中，许多选项不一定要写在创建按钮的代码行中，只需要在创建按钮的代码行中写上父组件名即可，至于选项可用定义好了的按钮名加索引补充选项。例如，例 12.7 中的按钮 b1 定义好后，可用下面的形式增加新的选项：

```
b1['borderwidth'] = 5
b1['command'] = test_b1
```

也许在后面的代码描述时，我们会使用这种写法。

5．事件与绑定

在 GUI 程序的运行机制中，事件（event）是触发对象自动执行程序代码段的源动力。也就是说是一个事件（动作）施加在一个对象上，而对象根据事件去执行某一

程序。例如用户单击窗口中的按钮就是一个事件，被单击的按钮会响应事件，去执行一个程序。

在 tkinter 中，单击鼠标左键、中键、右键和双击是事件，分别描述为：<Button-1>、<Button-2>、<Button-3>、<Double-Button-1>；键盘上某键被按下，比如 A 键被按下描述为<KeyPress-A>；Ctrl 键和 A 键被按下描述为<Control-A>；F1 键被按下描述为<F1>。键盘上其他键被按下描述形式类似。这都是事件。

怎样把一个事件与对象联系起来呢？这就是把事件绑定到某对象上。在 tkinter 中，事件可以绑定到许多组件上。例如，可以将“单击鼠标左键”事件<Button-1>绑定到按钮组件上。

绑定方法是使用 bind()函数。bind()函数调用规则：

```
<组件>.bind(<事件描述符>, <回调函数>)
```

这所谓回调函数，当事件发生时，这个函数会被自动调用，并非人们主动地调用它。

现在我们要做的事是：分析一下例 12.7 的程序，创建按钮 b1 时，使用选项“command=test_b1”表达：当按钮 b1 被按下时，调用函数 test_b1。

如果去掉这个选项，用 bind()函数把事件<Button-1>与组件 b1 绑定起来，程序在运行时，会自动调用 test_b1。被自动调用的函数就是<回调函数>，要有一个形参，什么名字都可以。

例 12.7 的程序经过改造后，变成如下（程序中说明了改动的地方，程序功能不变）：

```
# -*- coding: GB2312 -*-
# ex12-7_2 Button 示例 2
i ,j= -1, -1
import tkinter
top = tkinter.Tk()
top.geometry('400x100+0+0')          # 指定主窗口的大小
top.wm_title('Button Exam')          # 指定标题栏内容
def test_b1(xyz):                    # 增加形参
    global top, i                    # 全局变量
    i= i+1
    label1 = tkinter.Label(top, text='Hello,B1')
    label1.grid(row=1, column=i, padx=5, pady=5)

def test_b2():
    global top, j                    # 全局变量
    j= j+1
    label2 = tkinter.Label(top, text='Hello,B2')
    label2.grid(row=2, column=j, padx=5, pady=5)

b1 = tkinter.Button(top, text='B1', height=2,\
    width=12,borderwidth=5)          # 去掉 command 选项
b1.bind('<Button-1>', test_b1)       # 增加绑定
b2 = tkinter.Button(top, text='B2', height=2,\
    width=12, borderwidth=5, command=test_b2)
```

```
b1.grid(row=0, column=0, padx=5, pady=5)
b2.grid(row=0, column=1, padx=5, pady=5)
top.mainloop()
```

12.5 输 入 框

输入框（Entry）又可称文本框，是单行文字域，通过输入框可以获得用户来自键盘的信息，这个组件中的信息是可显示和修改的。相似的组件文本域（Text）是多行的，而标签是单行或多行的显示信息域，其中信息是不能修改的。

1. 创建输入框

创建输入框组件的格式：

```
e = tkinter.Entry(parent, option, ...)
```

其中，语句功能是在窗口中或父组件中适当位置创建一个输入框组件，返回一个输入框组件。

2. 可用选项

输入框组件的选项如表 12-3 所示。

表 12-3 输入框组件选项

选 项	参 数 描 述
bg or background	输入框输入区的背景颜色，默认值：浅灰色
bd or borderwidth	输入框边缘的宽度，默认值：2 个像素点宽
cursor	指出鼠标形状
disabledbackground	当 state 属性是'disabled'时，显示背景颜色 bg
disabledforeground	当 state 属性是'disabled'时，显示前景颜色 fg
fg or foreground	输入文本的颜色，默认值：黑色
state	输入框状态，'disabled'或'normal'或'readonly'，分别表示禁止或允许向输入框输入信息，只读信息；程序可查询这个选项
exportselection	如果用户选择输入框中的信息，会自动传送到剪贴板，为了禁止此事发生，设置为 exportselection=0
font	指出文本的字体字号
highlightbackground	组件没有焦点时的高亮度背景颜色
highlightcolor	组件有焦点时的高亮度颜色
insertbackground	在输入框插入时，插入光标的颜色，通常是黑色，可设置为任何颜色
insertborderwidth	输入框中插入光标边缘宽度
insertwidth	插入光标宽度
insertofftime	插入光标闪烁间隔，以毫秒计算，默认值：300 ms，设为 0，不闪烁
insertontime	插入光标闪烁持续时间，默认值：600 ms
relief	指出组件的风格，默认值是'sunken'
justify	当输入文本不适应输入框时，调整显示方式：'left'、'center'、'right'，默认值：'left'
readonlybackground	当 state 属性是'readonly'时，显示背景颜色

续表

选　项	参数描述
show	通常用户向输入框输入的内容会在输入框中显示，为了屏蔽显示，设置为'*'
takefocus	通常焦点通过 Tab 键、鼠标轮换，该项设置为 0，这个输入框不遵守轮换
textvariable	设置变量，如设置 textvariable=v，可用 v.get()、v.set()，变量 v 由“v = tkinter.StringVar()”定义，这就将 v 与输入框联系起来了
validate	设置有效性检查的时机
validatecommand	指定有效性检查的回调函数
width	输入框宽度，用字符个数表达，默认值：20
xscrollcommand	建立与 Scrollbar 的联系，设置为滚动条组件的.set 方法。例如：e1、s1 分别为输入框、滚动条组件，e1['xscrollcommand']=s1.set

3. 函数与方法

输入框组件有许多方法，下面给出常用的方法。

（1）delete()：删除组件（输入框）中从参数 first 指定位置开始到参数 last 指定位置（不包括位于 last 位置）的字符串，如果参数 last 缺省，只删除位于 first 位置的单个字符。

```
delete(first, last=None)
```

（2）get()：返回一个字符串，它是输入框组件中现存的文本。

（3）icursor(index)：设置插入光标于 index 指定位置上的字符的前面。

（4）index(index)：当向输入框输入文本的字符数量超过输入框的显示区时，移动文本内容保证参数 index 指定位置上的字符是最左边的可视字符。这个方法在文本完全在输入框的显示区中没有效果。

（5）insert(index, s)：在参数 index 指定的位置前插入字符串 s。

（6）select_adjust(index)：选择调整函数，先检查选择是否包括由参数 index 指定的字符，如果包括，函数不产生动作，如果不包括，调整选择区域从现在的位置到 index 指定的位置。

（7）select_clear()：清除选择。

（8）select_from(index)：设置 tkinter.ANCHOR 的索引位置，值是由参数 index 指定的位置的字符，并选择这个字符。

（9）select_present()：如果有选择，返回 True，否则返回 False。

（10）select_range(start, end)：通过程序设置对输入框文本的选择，位置是起于参数 start，止于参数 end 指定位置的前一个位置。要求 start 必须在 end 之前。如要选择输入框全部文本，假设 e 是创建的输入框组件对象，则用“e.select_range(0, tkinter.END)”实现选择。

（11）select_to(index)：选择从 tkinter.ANCHOR 指定位置的字符到参数 index 指定位置的前一个位置的字符。

（12）xview(index)：这个方法用于连接输入框组件与水平滚动条。

（13）xview_moveto(f)：安排输入框中文本的位置，如果参数 f 为 0，文本左端置于输入框左边；如果 f 为 1，文本右端置于输入框右边。参数 f 只有 0、1 两个值。

（14）xview_scroll(number, what)：方法用于水平滚动输入框文本，参数 what 是 tkinter.UNITS 或 tkinter.PAGES，它们是滚动单位，前者以字符为单位，后者是页；参数 number 的正、负表示滚动从左往右、或从右往左，值表示一次滚动的数量。例如，对于输入框组件 e，“e.xview_scroll(-1, tkinter.PAGES)”表示每次从右往左滚动一页；而“e.xview_scroll(4, tkinter.UNITS)” 表示每次从左往右滚动 4 个字符。

4. 在输入框中实现滚动

在输入框中实现滚动，最重要的工作是调整滚动条的回调函数适应输入框中文本的滚动。整个工作分为 4 步：

（1）定义输入框并布局。

```
e1 = tkinter.Entry(top)
e1.grid(row=0, sticky=tkinter.E+tkinter.W)
```

（2）定义滚动条并布局。

```
s1 = tkinter.Scrollbar(top, orient=tkinter.HORIZONTAL,\
    command=__scrollHandler)
s1.grid(row=1, sticky=tkinter.E+tkinter.W)
```

（3）建立输入框与滚动条的联系。

```
e1['xscrollcommand']=s1.set
```

（4）实现回调函数（为了避免重复，这一部分出现在下面的程序例子中）。

例 12.8　输入框示例。

程序代码如下：

```
# -*- coding: GB2312 -*-
# ex12-8 Entry 示例
import tkinter
top = tkinter.Tk()
top.geometry('400x100+0+0')    # 指定主窗口的大小
top.wm_title('Entry Exam')     # 指定标题栏内容
def __scrollHandler( *L):      # 回调函数
    op, howMany = L[0], L[1]
    if op == 'scroll':
        units = L[2]
        e1.xview_scroll(howMany, units)
    elif op == 'moveto':
        e1.xview_moveto(howMany)

e1 = tkinter.Entry(top)
e1['font']=('Times', '24')
v = tkinter.StringVar()                # 定义变量
v.set('ABCDEF1234567890_Python tkinter_***XYZ_Hello')
e1['textvariable']=v                   # 建立与变量 v 的联系
e1.grid(row=0, sticky=tkinter.E+tkinter.W)
s1 = tkinter.Scrollbar(top, orient=tkinter.HORIZONTAL,\
    command=__scrollHandler)
s1.grid(row=1, sticky=tkinter.E+tkinter.W)
e1['xscrollcommand']=s1.set            # 建立与滚动条 s1 的联系
top.mainloop()
```

程序运行结果如图 12-10 所示。

图 12-10　例 12.8 的运行结果

在图 12-10 中，输入框中的文本数据来自联系变量 v，可通过键盘修改，可以使用滚动条滚动输入框中已有的文本数据。

5. 在输入框中增加文本数据有效性检验

在某些应用程序中，可能需要对输入框中文本（数据）进行有效性检验。实现这项工作需要三步：

（1）编写一个回调函数，实现对输入框中文本进行有效性检验，如果对输入框中文本有效，返回 True，否则，返回 False，并且用户不能编辑输入框中的文本，已有的文本不能改变。这个函数的内容需要用户自己编写，这一点很重要。

（2）注册回调函数。假设回调函数是一个名为 f 的函数，注册函数就是使用一个通用的组件方法 resgister(f)。这个方法返回一个字符串，tkinter 用这个字符串去调用用户定义的函数。

（3）创建输入框组件时，用选项 validatecommand 指出回调函数，用选项 validate 指出什么时候调用回调函数去检验输入框中的文本数据。

validate 的值如下：

```
'focus'        #  输入框组件得到、失去焦点时进行有效性检验
'focusin'      #  输入框组件得到焦点时进行有效性检验
'focusout'     #  输入框组件失去焦点时进行有效性检验
'key'          #  输入框组件中文本内容有变化时进行有效性检验
'all'          #  有上面 4 种之一时进行有效性检验
'none'         #  关闭有效性检验。这是默认值
```

选项 validatecommand 的值取决于回调函数需要什么样的值：

（1）如果输入框组件要联系一个变量 v，可用输入框组件属性 textvariable=v 建立联系，再用 v.get()取得输入框中的文本数据。最后用“validatecommand=f”指定回调函数，f 是回调函数名。这时函数没有参数。

（2）tkinter 也可用一组代码（元组）指定回调函数：

$$validatecommand=(f,\ s_1,\ s_2,\ \ldots,\ s_n)$$

f 是回调函数名，s_i 是替换代码，对于每个替换代码，回调函数将接受对应的值。替换代码如下：

'%d'——表达动作代码。0 表示企图删除；1 表示企图插入；-1 表示得到焦点或失去焦点、联系变量得到的文本内容有变化。

'%i'——当用户企图删除或企图插入时，这个参数是企图删除或企图插入的串的

首字符的索引；或-1，表示得到焦点或失焦点、联系变量得到的文本内容有变化。

'%P'——如果允许变化，文本本身。

'%s'——变化前的文本。

'%S'——如果是插入或删除引起的回调，这个参数是插入或删除的文本。

'%v'——选项 validate 现在的值。

'%V'——如果联系变量得到的文本内容有变化，值是'focusin'、'focusout'、'key'、'forced'之一。

'%W'——组件的名字。

如果用下面的形式定义输入框 e:

```
e=Entry(top, validate='all', validatecommand= \
    (f, '%d', '%i', '%S'), ...)
```

同时假定输入框 e 中有内容'abcdefg'，如果用户选择其中的'cde'，再按空格键，准备删除'cde'，这个删除动作将调用回调函数 f，实参有 3 个（0,2,'cde'），0 表示删除，2 表示被删字符串的首字符'c'的索引位置，'cde'表示被删字符串。

对应的回调函数得有 3 个形参。

6．实例

这里给出一个运用标签、按钮、输入框的实例。实现一个简单的登录程序，如果输入的用户名、密码正确，提示“登录成功”，如果不正确，提示“用户名或密码有误！”。同时测试有效性检验回调函数是否成功运行，没有真正的有效性检验内容，只是用户在输入用户名时，提示“正在输入用户名...”字样，表明对输入框 e1 有输入时，调用了回调函数。

例 12.9　标签、按钮和输入框的应用实例。

程序代码如下：

```
# -*- coding: GB2312 -*-
# ex12-9 Label、Button、Entry 应用示例
import tkinter
top = tkinter.Tk()
top.geometry('400x100+0+0')     # 指定主窗口的大小
top.wm_title('Entry Exam')      # 指定标题栏内容

def isok() :                    # 有效性检验函数
    b3['text']='正在输入用户名...'
    return True

def anw_to_but() :              # 按钮响应函数
    if str.upper(e1.get())=='ABCD' and e2.get()=='1234' :
        b3['text']='登录成功'
    else :
        b3['text']='用户名或密码有误！'

b1 = tkinter.Label(top, text='用户名: ', font=('华文新魏', '16'))
b1.grid(row=0, column=0)
```

```
b2 = tkinter.Label(top, text='密码: ', font=('华文新魏', '16'))
b2.grid(row=1, column=0)
e1 = tkinter.Entry(top, font=('宋体', '16'))
v = tkinter.StringVar()              # 定义变量
e1['textvariable']=v                 # 建立与变量 v 的联系
e1['validate']='key'                 # 有效性检验方式
e1.register(isok)                    # 注册函数
e1['validatecommand']=isok           # 指出函数名
e1.grid(row=0, column=1)
e1.focus_force()                     # 强行得到焦点
e2 = tkinter.Entry(top, font=('宋体', '16'))
e2['show']='*'                       # 屏蔽密码
e2.grid(row=1, column=1)
but = tkinter.Button(top, text='确定', font=('宋体', '16'),\
command=anw_to_but)                  # 按钮
but.grid(row=2, column=2, padx=10, pady=10)
b3 = tkinter.Label(top, text='信息提示区', font=('华文新魏', '16'),\
relief='ridge', width=24)            # 用于信息提示区
b3.grid(row=2, column=0, pady=10, columnspan=2, sticky='sw')
top.mainloop()
```

程序在等待用户输入用户名的过程中，运行状态如图 12-11 所示。程序运行后，正确输入用户名和密码，单击确定按钮后的状态如图 12-12 所示。

图 12-11　程序在等待用户输入用户名时的运行状态界面

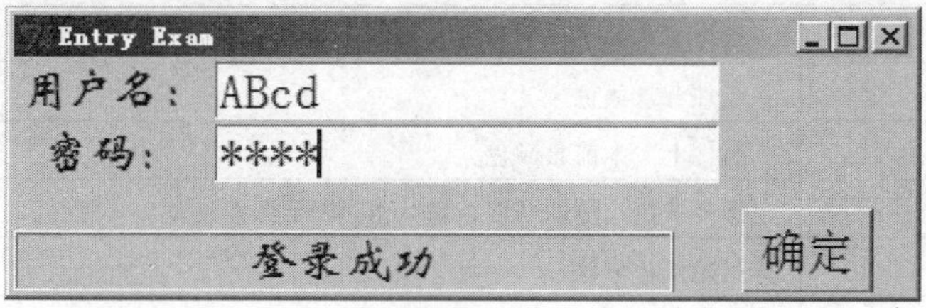

图 12-12　程序登录成功后的运行状态界面

12.6　选择按钮与单选按钮

选择按钮☑又称复选按钮，用来选择信息两种可能值之一：设置☑（图形上有个√）和未设置☐（图形上没有√）；单选按钮◉实现单项选择功能，一组单选按钮可以提供一组彼此相互排斥的选项，任何时刻用户只能从组中选择一个选项，被选中项

目左侧圆圈内会出现一个小黑点，组内其他未选中的选项左侧圆圈内没有小黑点。这两种按钮都有一个小图形和跟在图形旁边的标签，它们旁边的标签是按钮的文本。

12.6.1 选择按钮

1. 创建选择按钮

格式：

```
cb1 = tkinter.Checkbutton(parent, option, ...)
```

构造器创建一个选择按钮 cb1，返回一个选择按钮组件。

2. 选项

选择按钮组件的选项如表 12-4 所示。

表 12-4 列出了许多属性，但常用的属性是：command、text、height、width、takefocus、textvariable、variable。其中，通过属性 variable 联系的控制变量是很重要的，通过这个变量（get()函数）会得知选择按钮是否被设置的状态，根据这个状态才能做出相应的动作。

表 12-4　选择按钮组件选项

选　项	参 数 描 述
command	当用户每次改变选择按钮状态时，给出的函数或方法被调用
text	紧靠选择按钮的标签上的文本内容
bitmap	显示在选择按钮上代替文本的二值图像的名字
image	显示在选择按钮上的图像名字
compound	选择按钮边上显示文本和图形图像的情形
height	选择按钮文本高度，默认值：1（行）
width	默认宽度取决于文本或图的大小；可设置选择按钮文本宽度（字符数）
anchor	控制文本在组件中的位置，默认值是'center'
relief	指出组件的风格，默认值是'flat'
font	指出文本的字体字号
bg or background	组件背景颜色
fg or foreground	组件上文本前景颜色
bd or borderwidth	选择按钮边缘的宽度，默认值：2 个像素点宽
cursor	指出鼠标形状
takefocus	设置焦点， takefocus = 1 | 0
state	可设置为：'active'（活跃）、'disabled'（灰色，不响应）、'normal'（默认值）；当鼠标在组件上方时，state 为'active'
indicatoron	通常选择按钮上的显示是设置或未设置，这种状态可通过设置该选项为 1 得到，设置该选项为 0，表示该组件无效，组件凸起。
justify	选项 text 的内容是多行时，调整布局，'center'、'left'、'right'
highlightbackground	组件没有焦点时的高亮度背景颜色
highlightcolor	组件有焦点时的高亮度颜色

续表

选　项	参数描述
offvalue	当选择按钮被清除，组件控制变量被置为 0;
onvalue	当选择按钮被设置，组件控制变量被置为 1;
padx	组件左右边缘空格控制，默认值：1 个像素
pady	组件上下边缘空格控制，默认值：1 个像素
selectcolor	组件被设置时的颜色，默认值：'white'
selectimage	组件被设置时的图颜色
textvariable	设置文本变量，用于改变选择按钮的标签文本内容
underline	文本的下画线，underline=-1（默认值），没有下画线，正值，有下画线
variable	用于跟踪组件的状态的变量，整数变量，为 0，清除，为 1，设置
activebackground	鼠标位于组件上方时，显示组件背景颜色
activeforeground	鼠标位于组件上方时，显示组件前景颜色

3. 方法

除公用方法外，选择按钮的方法有 deselect()、flash()、invoke()、select()和 toggle()。

12.6.2 单选按钮

可以将多个单选按钮组成一组，创建一个控制变量联系（将每个单选按钮的 variable 属性设置为变量，变量可以是 IntVar 或 StringVar 变量）组中所有单选按钮；设置每个单选按钮的 value 属性为不同的值；对于这种一组内多个单选按钮共享一个控制变量的情况，用户设置其中任何一个，其他的单选按钮将被清除。

1. 创建单选按钮

格式：

```
rb1 = tkinter.Radiobutton(parent, option, ...)
```

构造器创建一个单选按钮 rb1，返回一个单选按钮组件。

2. 单选按钮属性

单选按钮组件的选项如表 12-5 所示。

表 12-5　单选按钮组件选项

选　项	参数描述
command	当用户每次改变单选按钮状态时，给出的函数或方法被调用
text	紧靠单选按钮的标签上的文本内容
bitmap	显示在单选按钮边上代替文本的二值图像的名字
image	显示在单选按钮边上的图像名字，这要设置 image 属性到图像对象
compound	单选按钮边上显示文本和图形图像的情形
height	单选按钮文本高度，默认值：1（行），以行为单位
width	默认宽度取决于文本或图的大小；可设置单选按钮文本宽度（字符数）
anchor	控制文本在组件中的位置，默认值是'center'

续表

选　项	参 数 描 述
relief	指出组件的风格，默认值是'flat'
font	指出文本的字体字号
bg or background	组件背景颜色
fg or foreground	组件上文本前景颜色
bd or borderwidth	选择按钮边缘的宽度，默认值：2 个像素点宽
cursor	指出鼠标形状
takefocus	设置焦点，　takefocus = 1 | 0
state	可设置为：'active'（活跃）、'disabled'（灰色，不响应）、'normal'（默认值）；当鼠标在组件上方时，state 为'active'
indicatoron	通常单选按钮上的显示是设置或未设置，这种状态可通过设置该选项为 1 得到，设置该选项为 0，表示该组件无效，组件凸起
justify	选项 text 的内容是多行时，调整布局，'center'、'left'、'right'
highlightbackground	组件没有焦点时的高亮度背景颜色
highlightcolor	组件有焦点时的高亮度颜色
padx	组件左右边缘空格控制，默认值：1 个像素
pady	组件上下边缘空格控制，默认值：1 个像素
selectcolor	组件被设置时的颜色，默认值：'white'
selectimage	组件被设置时的图颜色
textvariable	设置文本变量，用于改变单选按钮的标签文本内容。
underline	文本的下画线，underline=-1（默认值），没有下画线；正值，有下画线
value	当用户设置单选按钮，控制变量被设置成这个值
variable	控制变量（类 IntVar 或 StringVar 的实例），用于同组的其他单选按钮
activebackground	鼠标位于组件上方时，显示组件背景颜色
activeforeground	鼠标位于组件上方时，显示组件前景颜色

单选按钮常用的属性是：command、text、height、width、takefocus、textvariable、value 和 variable。

3. 方法

除公用方法外，单选按钮的方法有 deselect()、flash()、invoke()和 select()。

12.6.3　选择按钮与单选按钮应用示例

下面用一个简单示例说明选择按钮与单选按钮的应用。

例 12.10　选择按钮与单选按钮应用示例。

在这个程序中，定义了一个选择按钮，三个单选按钮（组成一组），一个标签（用于显示提示信息）。当用户交替单击选择按钮，在信息提示区提示不同信息；当用户单击三个单选按钮之一，也在信息提示区提示不同信息。程序的目的在于检查选择按钮的控制变量 y 能否接收到正确信息，检查一组单选按钮的控制变量 x 能否正确分辨出哪个单选按钮被选中。

程序代码如下：

```
# -*- coding: GB2312 -*-
# ex12-10 Radiobutton, Checkbutton
import tkinter
top = tkinter.Tk()
top.geometry('400x100+0+0')          # 指定主窗口的大小
top.wm_title('Radiobutton, Checkbutton')
def f_cb1():
    if y.get()==1 :
        b1['text']='选择按钮被设置！'
    else:
        b1['text']='选择按钮被清除！'
def f_rb1():
    b1['text']='单选按钮 RB1 被选择！'
def f_rb2():
    b1['text']='选择 RB2'
def f_rb3():
    b1['text']='RB3 被选择！'

y= tkinter.IntVar()
cb1 = tkinter.Checkbutton(top, text='CB1', command=f_cb1)
cb1.grid(row=0, column=0)
cb1['variable']=y
rb1 = tkinter.Radiobutton(top, text='RB1', command=f_rb1)
rb1.grid(row=0, column=1)
rb2 = tkinter.Radiobutton(top, text='RB2', command=f_rb2)
rb2.grid(row=0, column=2)
rb3 = tkinter.Radiobutton(top, text='RB3', command=f_rb3)
rb3.grid(row=0, column=3)
x= tkinter.IntVar()
rb1['variable'],rb2['variable'],rb3['variable']=x,x,x
rb1['value'],rb2['value'],rb3['value']=1,2,3
b1 = tkinter.Label(top, text='信息提示区', font=('华文新魏', '16'),\
    relief='ridge', height=3, width=24)    # 用于信息提示区
b1.grid(row=1, column=0, pady=10, columnspan=4, sticky='sw')
top.mainloop()
```

程序运行时，单选按钮 RB2 被选择的界面如图 12-13 所示。

图 12-13　例 12.10 的运行界面之一

12.7 框架与标签框架

框架是一个容器组件，其内可置入标签、按钮、输入框、选择按钮、单选按钮等。当框架内置入其他组件后，从视觉上看，置入的其他组件就像被放置在一个容器里，更重要的是将一组相关的组件置入框架后，用户可以定义一个从框架派生的类，在类中定义自己的对外接口，保护组内组件。

标签框架类似于框架组件，也是一个容器组件，但它可以在框架的周围边缘线上显示一个标签。

1. 框架的创建

创建框架的格式：

```
f = tkinter.Frame(parent, option, ...)
```

2. 框架的属性

框架可用的属性有：background(bg)、borderwidth(bd)、cursor、height、highlightbackground、highlightcolor、padx、pady、relief、takefocus、width 等。属性意义与前面介绍的其他组件同名属性相当，不再一一介绍。

3. 标签框架的创建

创建标签框架的格式：

```
lf = LabelFrame(parent, option, ...)
```

4. 标签框架的属性

标签框架的属性有：background(bg)、borderwidth(bd)、cursor、foreground(fg)、height、highlightbackground、highlightcolor、labelanchor、labelwidget、padx、pady、relief、takefocus、text、width 等。其中，labelanchor、labelwidget 是首次出现，下面仅对这两个属性进行介绍：

labelanchor 用于指出标签框架周围显示标签的位置，图 12-14 描述了这些位置。

labelwidget 用来代替标签框架周围显示的标签。通常，标签框架周围显示的标签由属性 text 指定，如果用属性 labelwidget 指定，直接给一个组件的名字，不加引号，如果两个属性 text 和 labelwidget 都指定了，则显示组件于标签框架周围边缘线上。'

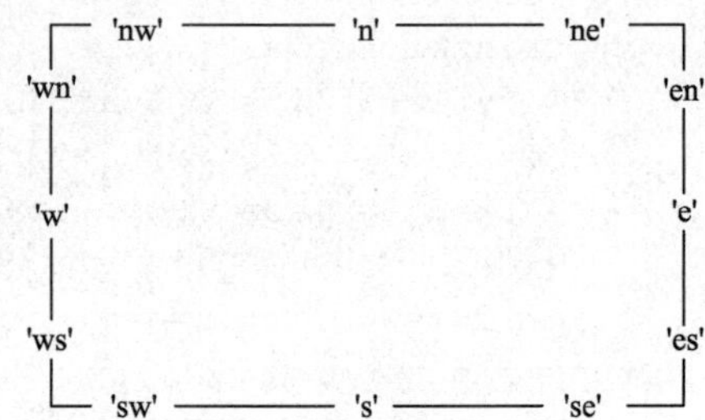

图 12-14 Labelanchor 属性的方位

5. 简单示例

例 12.11 框架与标签框架示例。

程序代码如下：

```
# -*- coding: GB2312 -*-
# ex12-11 Frame, LabelFrame
import tkinter
top = tkinter.Tk()
top.geometry('300x80+0+0')       # 指定主窗口的大小
```

```
    top.wm_title('Radiobutton, Frame, LabelFrame')
    f1 = tkinter.LabelFrame(top, width=200, height=50, \
        relief='ridge', bd=5, text='Three RadioButtons')
    f1.grid(row=0, column=0)
    f1.grid_propagate(0)             # 强迫 f1 保持原定义尺寸
    x = tkinter.IntVar()
    rb1 = tkinter.Radiobutton(f1, text='RB1')
    rb1.grid(row=0, column=0)
    rb2 = tkinter.Radiobutton(f1, text='RB2')
    rb2.grid(row=0, column=1)
    rb3 = tkinter.Radiobutton(f1, text='RB3')
    rb3.grid(row=0, column=2)
    rb1['variable'], rb2['variable'],rb3['variable'] = x, x, x
    rb1['value'], rb2['value'], rb3['value'] = 0, 1, 2
    # f1['labelwidget']=rb1
    top.mainloop()
```

程序运行界面如图 12-15 所示。

如果倒数第二行代码 “# f1['labelwidget']=rb1”去掉注释，变成“f1['labelwidget']=rb1”，则图 12-15 上显示的标签框架边缘线上的文本内容将是单选按钮 rb1。

程序中代码 “f1.grid_propagate(0)” 的作用保证标签框架 f1 的尺寸，如果没有这一句，即使定义了框架或标签框架的尺寸，框架尺寸都会随框架内组件布局变化，以适应框架内组件布局的大小。

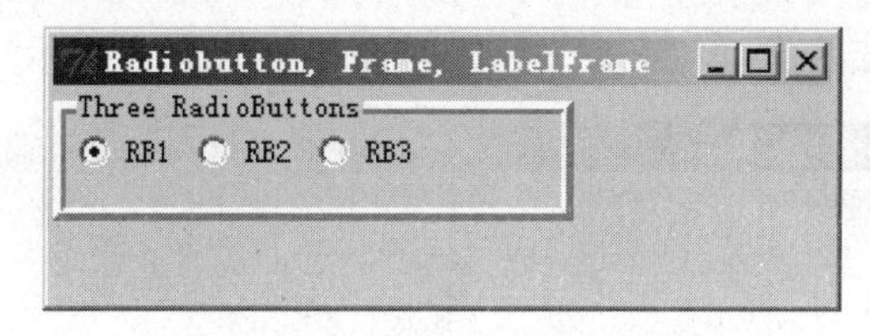

图 12-15　例 12.11 的运行界面

12.8 菜　单

菜单是一个重要的图形界面程序组件，它由一系列用分组和层次化方式组织的命令项构成。菜单分为菜单栏菜单（下拉式菜单）和弹出式（快捷）菜单。

在菜单栏菜单中，横向排列成一行的菜单称为主菜单或顶层菜单，其中有多个选项，每个选项标示一个分类，其下有下一级菜单列表。这下一级菜单称为菜单项，菜单项可以是菜单命令、子菜单（还有下一级菜单）或分隔线等。

弹出式菜单是用户在程序窗体内右击后，弹出独立于窗体菜单栏的浮动菜单。

12.8.1 菜单栏菜单

1. 创建菜单栏菜单

创建菜单栏菜单的格式：

```
m = tkinter.Menu(parent, option, ...)
```

首先可以创建一个菜单栏菜单的主菜单，这时参数 parent 是主窗口，再以主菜单为父组件（参数 parent 是主菜单），创建下一级菜单项。

例 12.12 创建一个没有功能的菜单栏菜单，内有两个主菜单选项“File”和“Edit”，“File”下有菜单项'New'、'Open'、'Save'、'Save as'；“Edit”下有菜单项'Copy'、'Cut'和'Paste'。

程序代码如下：

```
# -*- coding: GB2312 -*-
# ex12-12 Drop-down menu
import tkinter
top = tkinter.Tk()
top.geometry('400x80+0+0')                          # 指定主窗口的大小
top.wm_title('Drop-down Menu')
main_m = tkinter.Menu(top)                          # 创建主菜单
item_File = tkinter.Menu(main_m, tearoff=0)         # 创建菜单项
for i in ['New', 'Open', 'Save', 'Save as'] :
    item_File.add_command(label=i)                  # 指定菜单项
main_m.add_cascade(label='File', menu=item_File)    # 级连
item_Edit = tkinter.Menu(main_m, tearoff=0)         # 创建菜单项
for i in ['Copy', 'Cut', 'Paste'] :
    item_Edit.add_command(label=i)                  # 指定菜单项
main_m.add_cascade(label='Edit', menu=item_Edit)    # 级连
top['menu']=main_m                                  # 指定顶层菜单
top.mainloop()
```

程序运行后，单击主菜单“File”后的界面如图 12-16 所示。

图 12-16 例 12.12 运行后单击主菜单“File”后的界面

程序中调用了 add_cascade()方法，将菜单项与主菜单选项级连。倒数第二行代码用于指定顶层主菜单布局位置。

2. 菜单栏菜单的属性

菜单栏菜单的属性有：activebackground、activeborderwidth、activeforeground、background、borderwidth、cursor、disabledforeground、font、foreground、postcommand、relief、selectcolor、tearoff、tearoffcommand、title。

下面介绍尚未出现过的属性。

postcommand：可将这个选项设置为一个函数，当用户单击菜单时调用函数。

selectcolor：指定选择按钮或单选按钮的显示颜色。

tearoff：设置为 0，关闭菜单项上位于第 0 行的虚线。

3. 方法

（1）add_command(option, …)：用来添加菜单项，如果该菜单是顶层菜单，则添

加的菜单项依次向右添加。如果该菜单是顶层菜单的一个菜单项，则它添加的是下拉菜单的菜单项。参数常用的有 label 属性，用来指定菜单项的名称，command 属性用来指定被点击的时候调用的方法，acceletor 属性指定快捷键，underline 属性指定是否拥有下画线。menu 属性指定使用哪个作为它的顶层菜单。

（2）add_cascade(option, …)：用来级连下级菜单到本级的某个菜单项。常用属性：label，指出本级菜单项，menu 指出被级连的菜单。

（3）add_checkbutton(option, …)：增加选择按钮。

（4）add_radiobutton(option, …)：增加单选按钮。

（5）add_separator()：增加分隔线。

（6）index(i)：用索引指出菜单的位置，函数返回索引值。

（7）delete(index1, index2=None)：删除由索引值指定的菜单项。

（8）insert_cascade(index, option, …)：插入一个级连，位置由 index 指定。

（9）insert_checkbutton(index, option, ...)：插入一个选择按钮。

（10）insert_command(index, option, ...)：插入一个菜单项。

（11）insert_radiobutton(index, option, ...)：插入一个单选按钮。

（12）insert_separator(index)：插入分隔线。

（13）post(x, y)：显示菜单在根窗口中的位置，在相应的位置弹出菜单。

（14）type(index)：返回由索引指定的菜单项类型。

12.8.2 在菜单栏菜单中创建选择按钮与单选按钮

在菜单栏菜单中还可以创建选择按钮、单选按钮和分隔线。例如，首先创建一个主菜单 main_m，再创建下级菜单 item。在 item 下定义 4 个选择按钮：'New'、'Open'、'Save'和'Save as'，定义一条分隔线，最后定义 3 个单选按钮：'Copy'、'Cut'和'Paste'。主菜单项命名为'File'。

注意：当选择某选择按钮时，对应的菜单项左边会有一个选择标志（✓），而选择某单选按钮，同样有一个选择标志（✓），但组内所有单选按钮是互斥的。

例 12.13 菜单中创建选择按钮、单选按钮和分隔线示例。

程序代码如下：

```
# -*- coding: GB2312 -*-
# ex12-13 add checkbutton,radiobutton, separator
import tkinter
top = tkinter.Tk()
top.geometry('400x50+0+0')                          # 指定主窗口的大小
top.wm_title('Menu')
main_m = tkinter.Menu(top)                          # 创建主菜单
item = tkinter.Menu(main_m, tearoff=0)              # 创建菜单
for i in ['New', 'Open', 'Save', 'Save as'] :
    item.add_checkbutton(label=i)                   # 指定菜单项
item.add_separator()                                # 指定分隔线
for i in ['Copy', 'Cut', 'Paste'] :
    item.add_radiobutton(label=i)                   # 指定菜单项
```

```
# 指定主菜单项，将菜单 item 级连到主菜单项 File
main_m.add_cascade(label='File', menu=item)
top['menu']=main_m                                  # 指定顶层菜单
top.mainloop()
```

程序运行后，全选所有选择按钮，只选一个单选按钮的界面如图 12-17 所示。

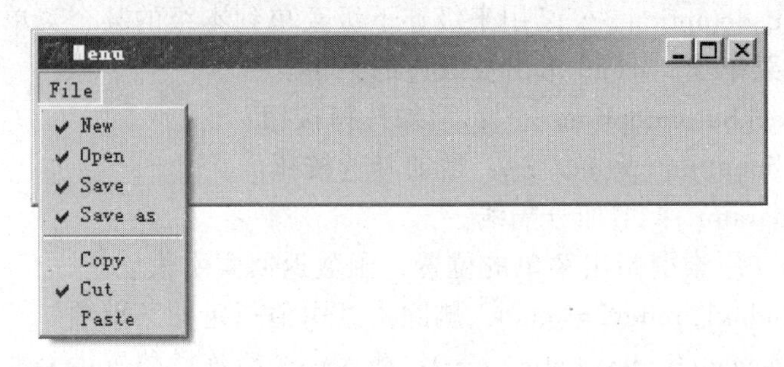

图 12-17　例 12.13 运行后某时刻界面

12.8.3　弹出式菜单

弹出式菜单是右击后产生的，当用户在主窗口中右击，会弹出事先做好的弹出式菜单，同时调用绑定的方法，方法的动作是从弹出式菜单中选择的菜单项的功能。

右击时的位置由菜单类（Menu 类）的 post 方法记住，post 方法有两个参数：x 和 y 坐标，弹出式菜单就是在这个位置上弹出。

右击事件之所以可以弹出菜单，是因为将此事件绑定到了弹出式菜单。

例 12.14　弹出式菜单应用。

这个程序设计了一个有 3 个菜单项的弹出式菜单，右击窗口，弹出菜单，选择“Display”菜单项，将在窗口中显示右击窗口的位置信息。

程序代码如下：

```
# -*- coding: GB2312 -*-
# ex12-14 PopMenu
import tkinter
top = tkinter.Tk()
top.geometry('400x100+0+0')
top.wm_title('PopMenu')
def f():
   global top, main_m
   tkinter.Label(top, text=top.winfo_pointerxy()).pack()
def abc(xyz):
   main_m.post(xyz.x, xyz.y)

main_m = tkinter.Menu(top, tearoff=0)           # 创建主菜单
main_m.add_command(label='Open')                # 指定菜单项
main_m.add_command(label='Save')
main_m.add_command(label='Display', command=f) top.bind('<Button-3>', abc)
top.mainloop()
```

程序运行界面如图 12-18 所示。

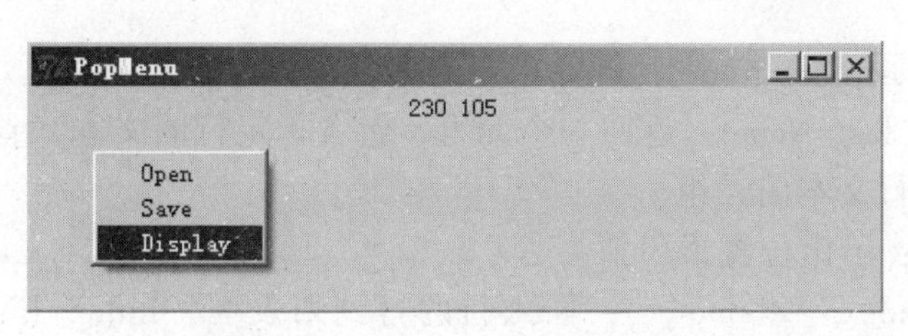

图 12-18 例 12.14 程序运行界面

12.9 列表框

列表框（Listbox）用于显示项目列表（多行文本），用户可以从中选择一个项目或多个项目。

1. 创建列表框

格式：

```
lb = tkinter.Listbox(parent, option, ...)
```

2. 列表框的属性

列表框的属性有：activestyle、background、borderwidth、cursor、disabledforeground、exportselection、font、foreground、height、highlightbackground、highlightcolor、listvariable、relief、selectbackground、selectborderwidth、selectforeground、selectmode、state、takefocus、width、xscrollcommand、yscrollcommand。

已经出现过的属性就不再介绍了，下面给出的是尚未出现过的属性。

activestyle：指出活动行，值可以是：'underline'、'dotbox'和'none'。

exportselection：通常（默认）用户可用鼠标选择文本并输出到剪贴板，为了禁止这个动作，使用 exportselection=0。

listvariable：指出连接列表框中全部内容的 StringVar 变量，这个变量可以用.get()方法得到列表框内容的字符串："('v0', 'v1', ...)"，还可以用.set(s)方法设置列表框内容，其中 s 表达内容，每个项目之间用空格分隔。

selectmode：用于决定选择多少项目和鼠标动作，值为'browse'，是默认值，表示只能从列表框中选择一行，鼠标单击一行并拖动到另一行，将选择多行；值为'single'，只选择一行，不能拖动鼠标；值为'multiple'，选择多行，单击这多行中的任何一行，因为这多行是可以切换的；值为'extended'，选择相邻的多行，要求单击首行并拖动鼠标到最后一行。

xscrollcommand：设置水平滚动条联系变量。

yscrollcommand：设置垂直滚动条联系变量。

3. 列表框方法

（1）activate(index)：选择由索引指定的项目（行）。

（2）bbox(index)：返回一个四元组，指示一个由 4 个值指定的凸起区域，4 个值的元组：(区域左上角点 x，区域左上角点 y，宽度，高度)，单位是像素。

（3）curselection()：返回一个包含选中项目索引值的元组。计数从 0 开始，没有选中项目时，返回空元组。

（4）delete(first, last=None)：删除指定的项目行。

（5）get(first, last=None)：返回一个元组，包含指定行的文本，省去第二个参数，返回 first 到最后行文本的元组。

（6）index(i)：给出位置索引值。

（7）insert(index, *elements)：插入新的行到列表框，index=END，表示插入到尾部。

（8）selection_clear(first, last=None)：选择清除。

（9）selection_includes(index)：如果指定的行被选择返回 1，否则返回 0。

（10）selection_set(first, last=None)：选择索引指定的行（包含后值），省去第二个参数，返回 first 指定的行。

（11）size()：返回列表框内项目行数。

（12）xview()：用于设置联系的滚动条的 command 选项到这个方法。

（13）xview_moveto(fraction)：设置滚动比例尺寸，以列表框中长度最长的行为依据，移出左边的比例，比例用分数 fraction 表示。

（14）xview_scroll(number, what)：水平滚动列表框，参数 what 表示滚动方式：值为'units'，表示按字符滚动，值为'pages'，表示按页滚动；参数 number 表示滚动方向，负数表示在列表框内向右移动文本，正数表示向左。

（15）yview()：类似 xview()。

（16）yview_moveto(fraction)：类似 xview_moveto(fraction)。

（17）yview_scroll(number, what)：类似 xview_scroll(number, what)。

4．列表框的滚动

当列表框的项目内容（纵横两个方向）超过了列表框的大小，可以将列表框与滚动条联系起来，实现列表框项目内容的滚动。

对于一个方向，首先要创建一个滚动条，再通过列表框的 xscrollcommand 属性建立列表框与滚动条的联系，最后一步是编写实现滚动的函数。

例 12.15 实现一个带有纵、横向滚动条的列表框，当双击列表框的某一项目时，在主窗口显示列表框项目的名字。

程序代码如下：

```
# -*- coding: GB2312 -*-
# ex12-15 Listbox
import tkinter
top = tkinter.Tk()
top.geometry('400x160+0+0')
top.wm_title('Listbox')
def f(xyz) :                              # 定义选中项目对应的功能函数
    tkinter.Label(top, text=lb.get(lb.curselection())).\
        grid(row=0, column=2)

def __scrollHandlerx( *L):                # 回调函数__横向
    op, howMany = L[0], L[1]
    if op == 'scroll':
        units = L[2]
```

```
        lb.xview_scroll(howMany, units)
    elif op == 'moveto':
        lb.xview_moveto(howMany)

def __scrollHandlery( *L):          # 回调函数__纵向
    op, howMany = L[0], L[1]
    if op == 'scroll':
        units = L[2]
        lb.yview_scroll(howMany, units)
    elif op == 'moveto':
        lb.yview_moveto(howMany)

v=tkinter.StringVar()
lb = tkinter.Listbox(top)
lb['listvariable']=v
v.set('TEST_FOR_Listbox_of_tkinter Python ABCD EFGHI JKLMN Hello \
    中国湖南长沙 0000 1111 2222 3333 4444 5555 6666 7777 8888')
lb.bind('<Double-Button-1>', f)
lb.grid()
s1 = tkinter.Scrollbar(top, orient=tkinter.HORIZONTAL,\
    command=__scrollHandlerx)
s1.grid(row=1, sticky=tkinter.E+tkinter.W)
lb['xscrollcommand']=s1.set
s2 = tkinter.Scrollbar(top, orient=tkinter.VERTICAL,\
    command=__scrollHandlery)
s2.grid(row=0, column=1, sticky=tkinter.N+tkinter.S)
lb['yscrollcommand']=s2.set
top.mainloop()
```

程序运行后，双击某项目行后的界面如图 12-19 所示。

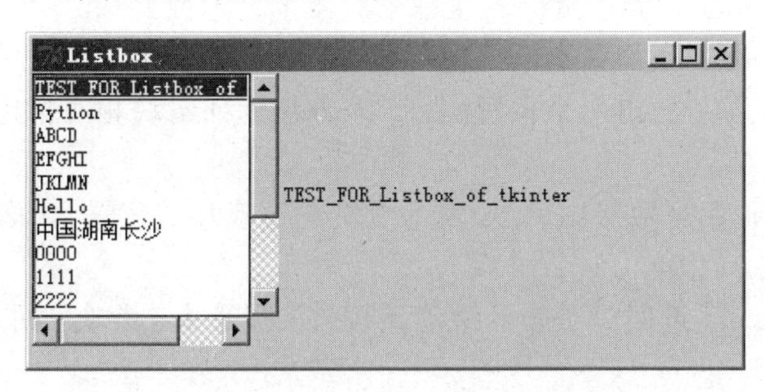

图 12-19　例 12.15 程序运行界面

12.10　滚动条与进度条

滚动条（Scrollbar）是一个独立组件，但它通常需要与其他组件配合使用，它表达其他组件（如列表框等）的内容在其组件容器中的相对位置。滚动条分为水平滚动条和垂直滚动条。要对某组件（如列表框等）实现滚动机制，这个组件必须与滚动条组件联系起来。滚动条形状是一个凹进的长条，两端有箭头；中间有一个表示相对位置的“滑块”，这个“滑块”像按钮；“滑块”与两端箭头之间有凹进区。可以单击两端箭头或拖动滑块来移动相对位置。

进度条（Scale）用来表达一个指定范围的整数或浮点数，这个指定的范围用一个凹进的长条表示，指定的数用一个像按钮的“滑块”表示，这个“滑块”表示某事在指定范围中的位置。进度条也有水平进度条与垂直进度条之分。

12.10.1 滚动条

1. 创建滚动条

格式：

```
s = tkinter.Scrollbar(parent, option, ...)
```

2. 属性

滚动条属性有：activebackground、activerelief、background、borderwidth、command、cursor、elementborderwidth、highlightbackground、highlightcolor、highlightthickness、jump、orient、relief、repeatdelay、repeatinterval、takefocus、troughcolor 和 width。

下面对尚未出现过的属性进行介绍。

command：指出一个函数，这个函数当滚动条有动作时被调用。

elementborderwidth：包围箭头和滑块的边缘宽度，默认值是一个像素点。使用 borderwidth 的值。

jump：用于控制滑块的动作，默认值是 0，表示有用户拖动滑块时，将调用由属性 command 指定的函数；设置值为 1 时，表示释放鼠标按钮时调用函数。

3. 方法

（1）activate(element=None)：当没有指出参数时，这个方法返回字符串'arrow1'（上、左箭头）、'arrow2'（下、右箭头）、'slider'或''，返回什么取决于鼠标位置，如鼠标在滑块上，返回'slider'，如果鼠标不在三个对象上，返回''。

（2）delta(dx, dy)：用像素点给出鼠标位置(dx, dy)，是浮点值，范围为[-1.0, 1.0]。

（3）fraction(x, y)：给出一个位置(x,y)，该方法返回滑块相对指定点最近的相对位置，范围为[0.0, 1.0]。

（4）get()：取得两个数字(a,b)，a 表示滑块左边或顶边位置，b 表示滑块右边或底边位置。范围为[0.0, 1.0]。

（5）identify(x, y)：返回一个表示滚动条构件（指箭头、滑块、凹进区）在坐标(x,y)处的字符串。

（6）set(first, last)：用于联系一个需要滚动条的其他组件。

12.10.2 进度条

1. 创建进度条

格式：

```
s = tkinter.Scale(parent, option, ...)
```

2. 属性

进度条属性有：activebackground、background、borderwidth、command、cursor、digits、font、foreground、from_、highlightbackground、highlightcolor、highlightthickness、 label、length、orient、relief、repeatdelay、repeatinterval、resolution、showvalue、sliderlength、sliderrelief、state、takefocus、tickinterval、to、troughcolor、variable 和 width。

下面对尚未出现过的属性进行介绍。

command：指出一个函数，当滑块被移动时，函数被调用。函数可以传一个参数，用于指定一个新的位置。

digits：进度条（滑块）当前位置值的读取方式，变量可以是 IntVar、DoubleVar 或 StringVar。如果变量是串变量，digits 控制如何将数字进度条转换为一个字符串。

from_：浮点值，默认值为 0.0。指出进度条的起点。

label：设置标签文本。

length：设置进度条长度。默认值为 100 个像素点。

orient：设置进度条显示方式，值为'horizontal'，表示水平进度条；值为'vertical'（默认值），表示垂直进度条。

resolution：设置滑块移动精度。

showvalue：通常滑块当前位置值显示，设置这个属性为 0，表示关闭显示。

state：通常进度条响应鼠标事件，设置为'disabled'，表示不响应。

tickinterval：滑块的步进间隔值，通常不显示。

to：浮点值，默认值为 100.0。指出进度条的终点。

troughcolor：凹进区颜色。

variable：指出控制变量。

width：设置进度条宽度，默认值为 15 个像素点。

3. 方法

（1）coords(value=None)：返回组件左上角的相对位置。

（2）get()：返回组件（滑块）当前的值。

（3）identify(x, y)：返回一个表示进度条构件（指滑块'slider'、凹进区'trough1'、'trough2'或''）在坐标(x,y)处的字符串。

（4）set(value)：设置进度条的值。

4. 简单示例

例 12.16 进度条示例。设计一个进度条，当拖动进度条的滑块，滑块的位置值将在交互窗口中显示出来。

程序代码如下：

```
# -*- coding: GB2312 -*-
# ex12-16 Scale
import tkinter
top = tkinter.Tk()
top.geometry('400x80+0+0')
top.wm_title('Scale')
def dis(xyz):
    # global v
    print(v.get())

v = tkinter.IntVar()
```

```
    s = tkinter.Scale(top, showvalue=1, resolution=5.0, \
        tickinterval=10.0, length=300, command=dis)
    s['variable']=v
    s['orient']='horizontal'
    s.grid()
    top.mainloop()
```

程序运行后，某一时刻的界面如图 12-20 所示。

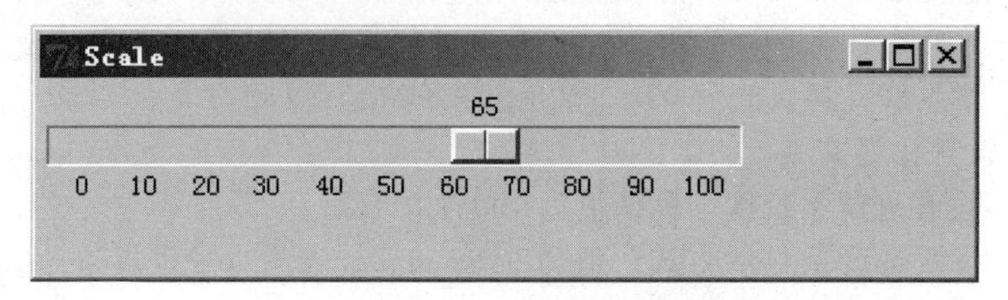

图 12-20　例 12.16 程序运行界面

12.11　画　　布

画布（Canvas）是 tkinter 的组件，它是一个矩形区域，用于绘制图形（又称对象）或容纳其他组件。可置入的对象有：图像、文本、框架等。

12.11.1　画布组件的基本用法

创建一个画布组件的格式：

```
s = tkinter.Canvas(parent, option, ...)
```

1. 属性

画布组件的属性包括：borderwidth、background、closeenough、confine、cursor、height、highlightbackground、highlightcolor、highlightthickness、relief、scrollregion、selectbackground、selectborderwidth、selectforeground、takefocus、width、xscrollincrement、xscrollcommand、yscrollincrement、yscrollcommand。

下面仅介绍尚未出现的属性。

closeenough：指出一个浮点数，表示鼠标靠近一个对象时离对象的距离，默认值是 1.0。

confine：默认值是 True，这个属性为 True 时，表示画布在 scrollregion 定义的区域之外，不能滚动。

scrollregion：一个四元组(w, n, e, s)，表示定义画布滚动区域。这个区域要包含画布工作区域，否则，不能实现滚动。

xscrollincrement：用于控制水平滚动的步进单位，如果设置为 0（默认值），无级滚动；如果设置为一个正整数，以这个数做步长进行滚动。

xscrollcommand：如果画布可滚动，设置此选项为水平滚动条的 set()方法。

yscrollincrement：类似 xscrollincrement 选项，但是控制垂直滚动。

yscrollcommand：如果画布可滚动，设置此选项为垂直滚动条的 set()方法。

2．坐标问题

正是因为画布区域可以大于父组件窗口，所以，需要使用滚动条配合移动窗口内的画布组件。同时，也需要两种坐标系统管理画布组件。

（1）窗口坐标系统：用于管理画布组件，坐标原点是窗口的左上角。

（2）画布坐标系统：坐标原点是画布组件的左上角。

3．画布组件内对象显示顺序

画布组件内的多个对象显示的顺序规则：如果一个对象在另一个对象上面（有重叠），上面的对象清楚一些，下面的对象暗一些。新创建的对象总是在上面，当然，可以重载显示顺序。

4．画布组件内对象的标识

在一个画布组件内的多个不同对象有不同的标识值，称为对象 Id，它是一个整数。

5．对象标志

画布组件内的对象有对象标志（tag），它是一个字符串。一个对象标志可以联系多个画布组件内的对象；而一个对象可以有多个对象标志。

6．tag 或 Id 参数问题（tagOrId）

如果画布组件使用参数（tag 或 Id），可以指出一个或多个画布组件内的对象。如果参数是整数，参数视为 Id；如果参数是字符串，参数视为 tag，表示选择所有具有这个 tag 的对象。

7．画布组件的方法

（1）addtag_above(newTag, tagOrId)：向一个对象增添一个新的 tag，对象由参数 tagOrId 指出。above 是指显示顺序在上面。

（2）addtag_all(newTag)：增添一个新的 tag 到所有对象。

（3）addtag_below(newTag, tagOrId)：向一个对象增添一个新的 tag，对象由参数 tagOrId 指出。below 是指显示顺序在下面。

（4）bbox(tagOrId=None)：返回一个四元组(x_1, y_1, x_2, y_2)，这个四元组描述一个矩形，(x_1，y_1)表示矩形的左上角，(x_2，y_2) 表示矩形的右下角。矩形包含由参数 tagOrId 指定的所有对象；如果省去参数，包含画布组件内的所有对象。

（5）canvasx(screenx, gridspacing=None)：转换父窗口 x 方向坐标 screenx 到画布坐标。

（6）canvasy(screeny, gridspacing=None)：转换父窗口 y 方向坐标 screeny 到画布坐标。

（7）dchars(tagOrId, first=0, last=first)：删除对象的指定范围的文本中的字符串。

（8）delete(tagOrId)：删除由 tagOrId 指出的对象。

（9）dtag(tagOrId, tagToDelete)：删除由 tagOrId 指出的对象的 tag，要删除的 tag 由 tagToDelete 指定。

（10）find_above(tagOrId)：返回一个 Id，above 是指显示顺序在上面。如果有多个对象匹配，返回最上面的对象 Id；如果传入参数是对象 Id，返回空元组。

（11）find_all()：返回所有对象的 Id 列表，顺序是从最下面到最上面。

（12）find_below(tagOrId)：返回一个 Id，below 是指显示顺序在上面。如果有多个对象匹配，返回最上面的对象 Id；如果传入参数是对象 Id，返回空元组。

（13）focus(tagOrId=None)：移动焦点到 tagOrId 指定的对象。有多个对象时，移动到允许插入的显示顺序的第一个对象。没有匹配，不移动焦点。

（14）gettags(tagOrId)：如果参数是 Id，返回所有 tag 联系的对象的 tag 列表；如果参数是 tag，返回最下面的对象开始的 tag 列表。

（15）index(tagOrId, specifier)：返回一个整数索引。参数 tagOrId 指出对象，specifier 指出文本项，specifier 的值：'insert'（插入光标当前位置）、'end'（对象最后一个字符位置）、'sel_first'（当前选择文本的开始位置）、'sel_last'（当前选择文本的最后位置）。

（16）insert(tagOrId, specifier, text)：插入参数 text 指定的文本；位置由 specifier 指定，可以是'insert'、'end'、'sel_first'、'sel_last'；对象由 tagOrId 指定。

（17）move(tagOrId, xAmount, yAmount)：移动对象。

（18）scale(tagOrId, xOffset, yOffset, xScale, yScale)：移动或放大对象。(xOffset, yOffset)是新位置，xScale 和 yScale 是放大系数，两个参数均为 1.0，表示不放大。对于文本，这个方法只移动不放大。

（19）select_clear()：清除文本的选择。

（20）select_item()：如果文本已被选择，返回 Id，没有选择，返回 None。

（21）xview_moveto(fraction)：设置滚动比例尺寸，以画布中长度最长的行为依据，移出左边的比例，比例用分数 fraction 表示。

（22）xview_scroll(number, what)：水平滚动画布。参数 what 表示滚动方式：值为'units'，表示按字符滚动，值为'pages'，表示按页滚动；参数 number 表示滚动方向，负数表示在列表框内向右移动文本，正数表示向左。

（23）yview_moveto(fraction)：类似 xview_moveto(fraction)。

（24）yview_scroll(number, what)：类似 xview_scroll(number, what)。

12.11.2 画布组件中的对象创建

在画布组件内，可以创建许多对象，本小节介绍一些常用的对象。

1. 画线

创建画线：

```
Id=c.create_line(x0, y0, x1, y1, ..., xn, yn, option, ...)
```

这条画线可以是折线，这条画线通过点(x0, y0)、(x1, y1)、……、(xn, yn)。画线可以有箭头，可以指定线的粗细等。

常用的选项有：

activefill：指定一个颜色，用于鼠标在画线上时，用指定颜色显示画线。

arrow：指出箭头的位置，值可为：'first'、'last'、'both'和没有箭头（这是默认值）。

arrowshape：箭头形状，用三元组(d1,d2,d3)表示，默认值是(8,10,3)，三元组中的三个数分别表示箭头的三条边长度，单位是像素点。

fill：画线颜色，默认值是'black'。

tag：设置 tag。单个 tag 用字符串，多个用元组。

width：线宽，默认值是 1 个像素点。

2．弧段

创建弧段：

```
Id=c.create_arc(x0, y0, x1, y1, option, ...)
```

点(x0,y0)和(x1,y1)是一个完全合适封装一个椭圆的矩形的左上角点和右下角点，当矩形为正方形时，椭圆就是一个圆。这个椭圆的弧段就是创建的对象。

常用的选项有：

activefill：指定一个颜色，用于鼠标在弧段上时，用指定颜色显示弧段。

fill：用于弧段内部颜色设置，默认值是''，这时内部是透明的。可以设置颜色，如 fill='blue'。

outline：外边缘颜色设置。

state：表示状态。默认值是'normal'；设置为'disabled'，显示灰色，不响应事件；设置为'hidden'，不可见。

style：绘图风格。Style= 'pieslice'|'chord'|'arc'，默认值是'pieslice'。

tag：设置 tag。单个 tag 用字符串，多个用元组。

width：线宽，默认值是 1 个像素点。

3．椭圆

创建椭圆：

```
Id=c.create_oval(x0, y0, x1, y1, option, ...)
```

点(x0,y0)和(x1,y1)是一个完全合适封装一个椭圆的矩形的左上角点和右下角点，当矩形为正方形，椭圆就是一个圆。点(x1,y1)不属于矩形。

常用的选项有：

activefill：指定一个颜色，用于鼠标在椭圆上时，用指定颜色显示椭圆。

fill：设置椭圆内部颜色，默认值是''，这时内部是透明的。可以设置颜色。

outline：外边缘颜色设置。

state：表示状态。默认值是'normal'；设置为'disabled'，显示灰色，不响应事件；设置为'hidden'，不可见。

tag：设置 tag。单个 tag 用字符串，多个用元组。

width：线宽，默认值是 1 个像素点。

4．矩形

创建矩形：

```
Id=c.create_rectangle(x0, y0, x1, y1, option, ...)
```

用点(x0,y0)和(x1,y1)表示矩形的左上角点和右下角点，创建的矩形不包括点(x1,y1)。

常用的选项与椭圆的选项一样，此处不再列出。

5．多边形

创建多边形：

```
Id=c.create_polygon(x0, y0, x1, y1, option, ...)
```

创建多边形需要指出多边形的多个顶点：(x0,y0)、(x1,y1)、……、(xn,yn)，形成的多边形按顶点排列顺序，每两个顶点之间有一条连线，最后有一条从顶点(xn,yn)到顶点(x0,y0)的连线。

常用的选项与椭圆的选项一样，此处不再列出。

6. 文本

创建文本对象：

```
Id=c.create_text(x, y, option, ...)
```

常用的选项有：

activefill：指定一个颜色，当文本处于活动状态，鼠标在文本之上时，文本以给定颜色显示。

fill：设置文本颜色，默认值是'black'。

state：表示状态。默认值是'normal'；设置为'disabled'，显示灰色，不响应事件；设置为'hidden'，不可见。

tag：设置 tag。单个 tag 用字符串，多个用元组。

text：文本的内容，使用'\n'强制分行。

width：文本宽度。

7. 窗口对象

画布的窗口对象是一个矩形区，它接受任何 tkinter 组件。

创建窗口对象：

```
Id=c.create_window(x, y, option, ...)
```

属性：

anchor：默认值是'center'，意为窗口置于以点(x,y)为中心，可以指定其他值。

height：窗口高度，如果不指定此属性，窗口将自动适应包含的组件。

state：表示状态。默认值是'normal'；设置为'disabled'，显示灰色，不响应事件；设置为'hidden'，不可见。

tag：设置 tag。单个 tag 用字符串，多个用元组。

width：窗口宽度，如果不指定此属性，窗口将自动适应包含的组件。

window：设置要置入画布的组件。window=W，W 是组件名。

8. 位图

创建位图：

```
Id=c.create_bitmap(x, y, option, ...)
```

x 和 y 的值用于指出位图装入的参考坐标点。

常用属性：

activebackground、activebitmap、activeforeground 三个属性，当位图处于活动状态，鼠标在位图上时，显示对应颜色。

anchor：默认值是'center'，意为位图置于以点(x,y)为中心，可以指定其他值。

bitmap：指出位图名。

state：表示状态。默认值是'normal'；设置为'disabled'，显示灰色，不响应事件；设置为'hidden'，不可见。

tag：设置 tag。单个 tag 用字符串，多个用元组。

9. 图像

创建图像：

```
Id=c.create_image(x, y, option, ...)
```

图像置入 x 和 y 指定的点(x,y)。

常用属性：

activeimage：指定一个颜色，当鼠标在图像上时，显示指定颜色。

anchor：默认值是'center'，意为图像置于以点(x,y)为中心，可以指定其他值。

disabledimage：当此选项是'inactive'，不显示图像。

image：指出要显示的图像。

state：表示状态。默认值是'normal'；设置为'disabled'，显示灰色，不响应事件；设置为'hidden'，不可见。

tag：设置 tag。单个 tag 用字符串，多个用元组。

12.11.3 画布应用的简单示例

下面给出一个画布应用的简单示例。

例 12.17 在画布中定义折线、弧段、椭圆和文本，让画布纵向、横向滚动。

程序代码如下：

```
# -*- coding: GB2312 -*-
# ex12-17 Canvas
import tkinter
top = tkinter.Tk()
top.geometry('500x240+0+0')
top.wm_title('Canvas')

def __scrollHandlerx( *L):      # 回调函数__横向
    op, howMany = L[0], L[1]
    if op == 'scroll':
        units = L[2]
        c1.xview_scroll(howMany, units)
    elif op == 'moveto':
        c1.xview_moveto(howMany)

def __scrollHandlery( *L):      # 回调函数__纵向
    op, howMany = L[0], L[1]
    if op == 'scroll':
        units = L[2]
        c1.yview_scroll(howMany, units)
    elif op == 'moveto':
        c1.yview_moveto(howMany)

c1 = tkinter.Canvas(top, borderwidth=5, relief='ridge',\
    height=200, width=400)
c1['scrollregion']=(0, 0, 1024, 768)
c1.grid(row=0, column=0)
id=c1.create_line(15,15,190,15, 190,50, tags='a line',fill='red',\
```

```
    arrow='both', arrowshape=(8,10,3), tag='a_line', activefill='blue')
id2=c1.create_arc(190,15,380,160, fill='red',outline='blue',\
    style='chord',activefill='blue')
id3=c1.create_oval(400,60,580,130, fill='blue',outline='red',\
    activefill='red')
id4=c1.create_text(19,180, text='这是一个关于tkinter.Canvas的简单例子，\
    画布中有折线、弧段、椭圆和文本，画布可以纵向、横向滚动。',\
    anchor='w', activefill='red')
s1 = tkinter.Scrollbar(top, orient=tkinter.HORIZONTAL,\
    command=__scrollHandlerx)
s1.grid(row=1, sticky=tkinter.E+tkinter.W)
c1['xscrollcommand']=s1.set
s2 = tkinter.Scrollbar(top, orient=tkinter.VERTICAL,\
    command=__scrollHandlery)
s2.grid(row=0, column=1, sticky=tkinter.N+tkinter.S)
c1['yscrollcommand']=s2.set
top.mainloop()
```

程序运行界面如图 12-21 所示。

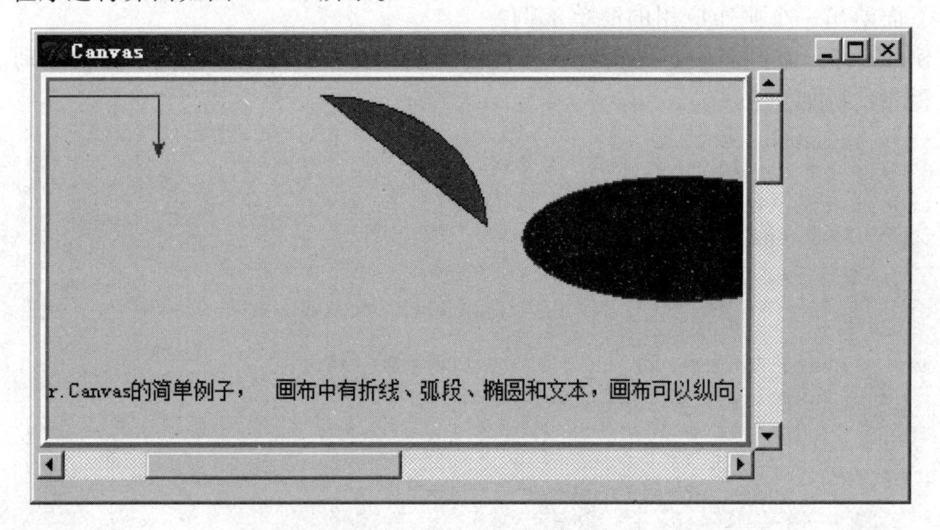

图 12-21　例 12.17 的运行界面

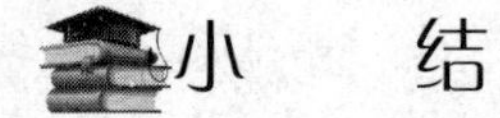

小　　结

本章仅仅介绍了 tkinter 的基本用法。从组件上讲，只介绍了一些常用的组件，即使是常用组件，也没有详细介绍组件的属性与方法。还有一些组件尚未涉及，如窗格组件、轮转框、文本域等。对于这些尚未涉及的组件或某些组件的详细使用方法，读者可以从 tkinter 的技术资料中获取信息，或从 Python 网站、帮助文件中获取信息。

在 tkinter 的技术文档中，还有一个称为 ttk 的模块，这是 tkinter 8.5 版后新增加的模块，它对 tkinter 进行了补充。要使用 ttk 模块，需要导入模块：

```
from tkinter import *
from ttk import *
```

使用 tkinter 模块进行 GUI 编程完全依赖代码完成，关于这一点，读者已从本章的编程过程中了解到了。它做不到完全使用图形界面进行编程，例如像 Visual Basic 那样，编程过程完全是图形界面，用户只要在编程工具下，通过鼠标添加组件、调整组件的位置和尺寸大小等。事实上，到目前为止，Python 还没有跟随其版本变化为完全图形界面的编程工具，我们只能期待了。

习 题

一、判断题

1. 命令行“top = tkinter.Tk()”创建类 Tk 的实例 top，而类 Tk 属于模块 tkinter。( )

2. 模块 tkinter 中的任何组件都有相应的类，例如标签组件的类是 Label。( )

3. 类 Tk 的实例 top 是最上层的组件，其他组件放在 top 内，所以 top 是一个容器组件。( )

4. 如果 top 是类 Tk 的实例，则命令行“top.mainloop()”实现 GUI 程序的事件循环，这是 GUI 程序的关键所在。( )

5. 按钮组件的属性 command 指定一个函数，这个函数将完成“用户单击按钮事件”所要求的功能。( )

6. 用户向 GUI 程序输入的信息一般存入输入框组件中。( )

7. 程序要得到输入框中用户输入的信息，可以通过由输入框组件的函数 get()获得。( )

8. 在 tkinter 所有组件中，只有输入框组件能与滚动条联系实现输入框内数据滚动。( )

9. 框架组件可以将多个组件组合成组。( )

10. 在下拉式菜单中，可以定义选择按钮或单选按钮。( )

二、编程题

1. 设计一个图形界面的求解一元二次方程的程序。

2. 设计一个简单的文本编辑器。要求有文件打开、创建、保存等功能和文字编辑功能。

3. 设计一个简单功能的计算器。

参 考 文 献

[1] MARK LUTZ. Python 学习手册[M]. 4 版. 李军，刘红伟，等译. 北京：机械工业出版社，2011.
[2] WESLEY J CHUN. Python 核心编程[M]. 2 版. 宋吉广，译. 北京：人民邮电出版社，2008.
[3] DAVID M BEAZLEY. Python 参考手册[M]. 4 版. 谢俊，杨越，高伟，译. 北京：人民邮电出版社，2011.
[4] 赵家刚，狄光智，吕丹桔. 计算机编程导论：Python 程序设计[M]. 北京：人民邮电出版社，2013.
[5] 杨长兴. Visual Basic 程序设计[M]. 北京：中国铁道出版社，2013.
[6] 杨长兴，刘卫国. C++程序设计[M]. 北京：中国铁道出版社，2008.